Yachana Jha

Análise da murchidão fúngica na ervilha-de-angola

Yachana Jha

Análise da murchidão fúngica na ervilha-de-angola

ScienciaScripts

Imprint

Any brand names and product names mentioned in this book are subject to trademark, brand or patent protection and are trademarks or registered trademarks of their respective holders. The use of brand names, product names, common names, trade names, product descriptions etc. even without a particular marking in this work is in no way to be construed to mean that such names may be regarded as unrestricted in respect of trademark and brand protection legislation and could thus be used by anyone.

Cover image: www.ingimage.com

This book is a translation from the original published under ISBN 978-620-2-19954-4.

Publisher:
Sciencia Scripts
is a trademark of
Dodo Books Indian Ocean Ltd. and OmniScriptum S.R.L publishing group

120 High Road, East Finchley, London, N2 9ED, United Kingdom
Str. Armeneasca 28/1, office 1, Chisinau MD-2012, Republic of Moldova, Europe
Printed at: see last page
ISBN: 978-620-8-05898-2

ÍNDICE

Prefácio

O feijão-frade (Cajanus cajan L. Millspaugh) é uma das principais leguminosas das regiões tropicais e subtropicais. A Índia é o centro de origem e o maior produtor mundial de ervilha-de-angola, partilhando aproximadamente 70% da produção e cobrindo 74% da área. Desempenha um papel importante na segurança alimentar, num regime alimentar equilibrado e na agricultura de subsistência devido às suas diversas utilizações na alimentação, forragem, combustível, conservação do solo, sistemas agrícolas integrados e fixação simbiótica de azoto. A fusariose (FW), causada pelo fungo patogénico Fusarium udum, é uma das principais doenças amplamente prevalecentes nas regiões norte e central da Índia, causando perdas de rendimento que variam entre 30 e 100%. A perda de rendimento devida a esta doença depende também da fase em que a planta murcha, podendo atingir mais de 50% e mesmo 100% quando a murcha ocorre na fase de pré-vagem. A doença é transmitida pelo solo e pelas sementes, pelo que é difícil de gerir apenas com fungicidas. O uso contínuo de fungicidas resulta em efeitos prejudiciais para o ambiente e no desenvolvimento de estirpes resistentes do agente patogénico. Uma das melhores formas possíveis de reduzir as perdas de rendimento devidas aos fungos é cultivar variedades resistentes de feijão bóer. Por conseguinte, o aumento da resistência à murchidão fúngica no feijão bóer é um desafio importante, que deve ser tratado com carácter prioritário. Um conhecimento aprofundado da hereditariedade da resistência à murchidão fúngica no feijão bóer será útil para iniciar um programa de melhoramento eficaz. Foram realizados vários estudos para compreender os sistemas genéticos que controlam a murchidão no feijão bóer, mas ainda não existem provas conclusivas sobre a genética da resistência à murchidão fúngica no feijão bóer de longa duração.

Introdução à ervilha-de-angola

1.1 Panorama geral

As plantas são essenciais para o equilíbrio da natureza e para a vida das pessoas.

Uma condição em que qualquer desarranjo ou perturbação da estrutura que afecte uma parte ou todo o organismo é designada por doença.

As doenças das plantas resultam num constrangimento significativo do rendimento e da qualidade das culturas e constituem uma ameaça constante para a agricultura mundial. As plantas sujeitas a constrangimentos bióticos (doenças das plantas e danos causados por insectos) e abióticos (água ou nutrientes insuficientes, condições climáticas adversas) são designadas por **stressadas**. O efeito simultâneo de ambos os stresses é a principal causa de perda de colheitas. A perda de culturas a nível mundial devido à infeção por agentes patogénicos é de cerca de 10 a 20% **(Boyer, 1982)**. As plantas adaptam-se às alterações ambientais e às doenças através de uma série de respostas inerentes ou induzidas por infecções do sistema imunitário. Apresentam respostas de defesa a longo e curto prazo a desafios imediatos, tais como ataques de agentes patogénicos a nível morfológico, anatómico, fisiológico e molecular. É essencial reconhecer o sistema imunitário das plantas, através do qual estas se defendem contra doenças causadas por agentes patogénicos, para desenvolver uma agricultura sustentável e proteger o nosso ambiente de vida, melhorando a qualidade e a quantidade das culturas e diminuindo simultaneamente a utilização de pesticidas químicos.

A Índia é o maior produtor e consumidor de leguminosas secas do mundo. As leguminosas são uma fonte barata e com baixo teor de gordura de proteínas, fibras, vitaminas e minerais. São o "ingrediente básico" na dieta da maioria da população indiana, uma vez que proporcionam uma combinação de elevado valor biológico com os cereais. Cada planta da cultura de leguminosas contribui para a fixação de azoto através dos nódulos radiculares, o que beneficia a própria planta e a cultura seguinte.

1.2 Ervilha-de-pombo, a planta hospedeira

A ervilha-de-angola (número internacional de alimento para animais, 5-03716) tem nomes que dependem da região em que está presente e são conhecidos como ervilha-verde tropical, Toordal ou Arhar dal (Índia), ervilha-do-congo ou ervilha-da-índia 3

(na Jamaica), Pois Congo (no Haiti), Gandul (em Porto Rico), Gunga pea, ou No-eye pea. (*Cajanus cajan*, sinónimos *Cajanus indicus* Spreng) é um membro perene da família Fabaceae.

A ervilha-de-pombo (*Cajanus cajan* [L.] Millspaugh) é uma das principais culturas de leguminosas para grão (leguminosas secas) nas regiões tropicais e subtropicais. Possui várias caraterísticas únicas, pelo que ocupa um lugar importante nos sistemas agrícolas dos pequenos agricultores de muitos países em desenvolvimento. Numa base comparativa com outras leguminosas de grão, como o feijão, a ervilha e o grão-de-bico, ocupa o sexto lugar em termos de área e produção e é utilizada de formas mais variadas do que outras. É cultivada nas encostas das montanhas para abrandar a erosão do solo. O teor proteico das sementes de ervilha-de-angola (em média, cerca de 21%) pode ser comparado com o de outras leguminosas importantes para grão. O ICRISAT detém cerca de 13 544 acessos desta cultura no âmbito do acordo entre a Organização para a Alimentação e a Agricultura e o Grupo Consultivo para a Investigação Agrícola Internacional.

O cultivo do feijão bóer tem uma história de, pelo menos, 3000 anos. A Ásia é reconhecida como o centro de origem do feijão bóer, de onde foi transportado para a

África Oriental e para o continente americano através do comércio de escravos. É cultivado em mais de 25 países tropicais e subtropicais, quer como cultura única, quer misturado com cereais como o sorgo (*Sorchum bicolor*), o milheto (*Pennisetium glaucum*) ou o milho (*Zea mays*), ou com outras leguminosas, como o amendoim (*Arachis hypogaea*). O feijão bóer é uma leguminosa e, por isso, complementa o solo através da fixação simbiótica do azoto.

1.3 Distribuição e produção do feijão bóer Recentemente, foram recolhidas provas que apontam a Índia peninsular como o local de origem do feijão bóer. O nome "ervilha-de-angola" teve provavelmente origem nas Américas, onde chegou algures no século XV, uma vez que se descobriu que as sementes eram apreciadas pelos pombos. É muito cultivado no subcontinente indiano e representa 90% das colheitas mundiais. Outras regiões onde se cultiva o feijão bóer são o Sudeste Asiático, a África e as Américas. Existe uma área considerável de cultivo de feijão bóer no Quénia, Uganda e Malawi, na África Oriental, e na República Dominicana e Porto Rico, na América Central. Na maioria dos outros países, o feijão bóer é cultivado em pequenas áreas e como cultura de quintal.

O feijão-frade é tolerante à seca e cresce em zonas com menos de 650 mm de precipitação anual. É uma cultura amplamente adaptada e tolerante à seca, com uma grande variação temporal (90-300d) para a maturidade. Atualmente, é cultivada em 4,8 milhões de hectares. É cultivada na Ásia, na África Oriental e Austral, na América Latina e nos países das Caraíbas. É cultivado em todo o mundo em 4,92 milhões de hectares (M ha), com uma produção anual de 3,65 Mt e uma produtividade de 898 kgha^{-1} . A produção mundial de feijão bóer está estimada em 46.000 km^2

(https://www.princeton.edu/~achaney/tmve/wiki100k/   docs/Pigeon_pea.html).   A produção anual global de feijão bóer é de cerca de 3,6 milhões de toneladas (Mt) e está avaliada em cerca de 1.600 milhões de dólares **(FAOSTAT 2007)**. Cerca de 82% desta produção é cultivada na Índia. Na Ásia, a produção anual em países como a Índia é de cerca de 3,58 milhões de hectares, Myanmar (560 000 hectares), China (150 000 hectares) e Nepal (20 703 hectares), que são os principais países produtores de feijão bóer. No continente africano, o Quénia (196 261 ha), o Malawi (123 000 ha), o Uganda (86 000 ha) e a Tanzânia (68 000 ha) cultivam quantidades consideráveis de feijão bóer.

Quadro 1.1 Produtividade na Ásia

Índia	3,58 Mha
Myanmar	560000 ha
China	150000 ha
Nepal	20703 ha

Quadro 1.2 Produtividade em África

Quénia	96261 ha
Malawi	123000 ha
Uganda	86000 ha
Moçambique	85000 ha
Tanzânia	680000 ha

1.4 Principais doenças do feijão bóer

A ervilha-de-angola pode ser infetada por mais de 100 agentes patogénicos. A maioria dos agentes patogénicos inclui fungos, bactérias, vírus, nemátodos e organismos do tipo micoplasma. A propósito, apenas alguns deles causam perdas económicas e a distribuição das doenças mais importantes é geograficamente restrita. O mosaico da esterilidade (SM), a murchidão de fusarium, o míldio de phytophthora (PB), a podridão radicular e o cancro do caule de macrophomina e o míldio de alternaria no subcontinente indiano; a murchidão e a mancha foliar de cercospora na África oriental; e a vassoura-de-bruxa (VB) nas Caraíbas e na América Central são as doenças de importância económica.

1.5 Classificação

Reino: Plantae

Divisão:	Magnoliophyta
Classe:	Magnoliopsida
Encomenda:	Fabales
Família:	Fabaceae
Género:	*Cajanus*
Espécies:	*C.cajan*

1.6 Caraterísticas taxonómicas

A espécie Cajanus é um arbusto anual, perene e lenhoso. É cultivada como planta anual para a leguminosa. Os caules são fortes, lenhosos, com 3-4 m de altura, ramificando-se livremente; sistema radicular profundo e extenso, até cerca de 2 m, com uma raiz axial. Folhas alternas, pinadas, estipuladas; estípulas pequenas subuladas; folíolos lanceolados a elípticos, inteiros, agudos apical e basalmente, peninervados resinosos na superfície inferior e pubescentes, com 15 cm de comprimento e 6 cm de largura. Inflorescência em racemos terminais ou axilares nos ramos superiores do arbusto. As flores são multicolores, predominando o amarelo, por vezes com estrias vermelhas, púrpura, laranja ou cobrindo totalmente a face dorsal da pétala bandeira. A flor é zigomórfica. As vagens são comprimidas, com 2-9 sementes, que não se desprendem no campo. As sementes são lenticulares a ovóides, com cerca de 8 mm de diâmetro e cerca de 10 sementes por grama. As sementes estão separadas umas das outras na vagem por ligeiras depressões. A germinação da ervilha-de-angola é criptocotílica **(Duke, 1981a)**.

1.7 Utilizações

O feijão bóer é utilizado como cultura alimentar (ervilhas secas, farinha ou ervilhas de legumes verdes). Também é utilizado como cultura de forragem/cobertura. Contêm elevados níveis de proteínas e aminoácidos importantes como a metionina, a lisina e o triptofano. O feijão bóer é um alimento humano bem equilibrado quando combinado com cereais. Na Etiópia, juntamente com as vagens, os rebentos e as folhas são cozinhados e comidos. Também em locais como a República Dominicana e o Havai, o feijão bóer é cultivado para enlatamento e consumo. O feijão bóer é cultivado na Tailândia como hospedeiro de insectos cochonilhas que produzem lac. É também uma cultura importante para adubo verde em algumas zonas, fornecendo até 40 kg de azoto por hectare. Os caules lenhosos do feijão bóer são utilizados como lenha, vedação e colmo.

A ervilha-de-angola desempenha um papel importante na segurança alimentar e na redução da pobreza, porque pode ser utilizada de diversas formas como fonte de alimentação humana e animal, forragem **(Rao *et al.*, 2002)**, lenha, criação de insectos *lacustres*, sebes, quebra-ventos, conservação do solo, adubação verde e cobertura. É uma importante fonte de proteínas para cerca de 20% da população mundial **(Thu *et al.*, 2003)** e é uma fonte abundante de minerais e vitaminas. Uma vez que é rico em proteínas, o feijão bóer é um suplemento ideal para as dietas tradicionais à base de cereais, banana e tubérculos dos agricultores pobres em recursos, que são geralmente deficientes em proteínas. A cultura perene do feijão bóer facilita aos agricultores a realização de múltiplas colheitas, sendo os excedentes comercializados nos mercados locais e internacionais.

Os tipos de longa duração são cultivados como culturas intercalares com outros cereais e leguminosas de maturação precoce. É principalmente utilizada como ervilha partida descascada. As sementes verdes imaturas e as vagens são também consumidas frescas como legume verde. As sementes secas esmagadas são dadas como dieta aos animais e as folhas verdes são utilizadas como forragem de qualidade. Os caules secos do feijão bóer são utilizados como combustível. Numa época de cultivo, as plantas de feijão bóer fixam cerca de 40 kgha^{-1} de azoto atmosférico e acrescentam matéria orgânica valiosa ao solo através das folhas caídas. As suas raízes ajudam a libertar o fósforo ligado ao solo, tornando-o disponível para o crescimento das plantas.

Medicinalmente, na Índia e em Java, as folhas jovens são aplicadas em feridas. Os Indochineses afirmam que as folhas em pó expulsam as pedras da bexiga. O sumo de folhas salgado é tomado para a iterícia. Na Argentina, a decocção das folhas é utilizada para a bronquite, a tosse e a pneumonia. As folhas são também utilizadas para dores de dentes, elixir bucal, gengivas doridas, parto e disenteria. As lojas chinesas vendem frutos secos como alexerético, anti-helmíntico, expetorante, sedativo e vulnerário. Acredita-se que as sementes queimadas, quando adicionadas ao café, aliviam as dores de cabeça e as vertigens. As sementes frescas ajudam na incontinência de urina nos homens. Acredita-se que os frutos imaturos são utilizados em doenças do fígado e dos rins (**Duke, 2012**).

Valor nutritivo do feijão-frade

A porção de uma chávena que mede 153 gramas fornece 43 mg de vitamina C, 0,536 mg de vitamina B1, 153 µg de vitamina B9, 2,4 mg de ferro, 0,69 mg de manganês, 181 mg de fósforo, 29,82 gramas de hidratos de carbono, 3,294 mg de vitamina B3 e outros. O feijão bóer é rico em proteínas, minerais, vitaminas e lípidos. A planta seca contém 1-1,2 % de humidade 14,8 g de proteína bruta, 28,9 g de fibra bruta, 39,9

Extrato isento de N 1,7 g de gordura, 3,5 g de cinzas

Valor nutritivo do Dal sem casca

Humidade	15.2 %
Proteína	22.3 g
Gordura	1.7 g
Material mineral	3.6 g
Hidratos de carbono	57.2 g
Cálcio	9,1 mg
Fósforo	0,26 % mg
Caroteno como vitamina A 220 UI e vitamina B1	

Valor nutritivo das sementes secas ao sol (por 100 g)

Calorias	345
Humidade	9.9 %

Proteína	19.5 g
Gordura	1.3 g
Hidratos de carbono	65.5 g
Fibra	1.3 g
Cinzas	3.8 g
Cálcio	161 mg
Fósforo	285 mg
Fe	15,0 mg
β-caroteno	55 µgm
Tiamina	0,72 mg
Riboflavina	0,14 mg
Niacina	2,9 mg

Valor nutritivo das sementes imaturas por 100 g

Calorias	117 calorias
Humidade	69.5 %
Proteína	7.2 g
Gordura	0.6 g
Hidratos de carbono	21.3 g
Fibra	3.3 g
Cinzas	1.4 g
Cálcio	2,9 mg
Fósforo	135 mg
Fe	1,3 mg

Na	5 mg
K	563 mg
caroteno	145 µ gm
Tiamina	0,40 mg
Riboflavina	0,25 mg
Niacina	2,4 mg
Ácido ascórbico	26 mg

Teor de óleo das sementes

Ácido linolénico	5.7 %
Ácido linoleico	51.4 %
Oleico	6.3 %
Ácidos gordos saturados	36.6 %

Teor de aminoácidos do feijão bóer

Arginina	6.7 %
Cistina	1.2 %
Histidina	3.4 %
Isoleucina	3.8 %
Leucina	7.6 %
Lisina	7.0 %
Metionina	1.5 %
Fenilalanina	8.7 %
Treonina	3.4 %
Tirosina	2.2 %

Valor	5.0 %
Ácido aspártico	9.8 %
Ácido glutâmico	19.2 %
Alanina	6.4 %
Glicina	3.6 %
Prolina	4.4 %
Serina	5.0 %

Benefícios para a saúde do feijão bóer

O feijão-frade é uma excelente fonte de magnésio, fósforo, cálcio e potássio. Além disso, contém pequenas quantidades de cobre, zinco e magnésio. Fornece uma quantidade adequada de ferro e selénio. As vagens de forma achatada ocupam um lugar importante entre as leguminosas na Índia. As sementes variam em forma, tamanho e cor. São redondas ou ovais, de cor branca, castanha, vermelha, acinzentada ou arroxeada, com um hilo branco. Apresentam-se a seguir algumas vantagens bem conhecidas do feijão bóer:

1. Mantém a pressão sanguínea - O potássio é o mineral chave que se encontra no feijão bóer que actua como vasodilatador, reduz a constrição sanguínea e também reduz a pressão sanguínea. As pessoas que sofrem de hipertensão ou devem adicionar o feijão bóer à sua dieta diária, uma vez que são altamente propensas a doenças cardiovasculares.

2. Ajuda no crescimento - O feijão-frade também tem um elevado teor de proteínas, necessárias para o crescimento e o desenvolvimento. É essencial para a formação de células, tecidos, músculos e ossos. Também ajuda no processo de cura e regeneração celular no corpo. Uma chávena de feijão bóer cozido tem 11 gramas de proteínas.

3. Prevenir a anemia - O folato encontra-se em quantidade adequada nas ervilhas-de-angola, o que ajuda a prevenir a anemia e os defeitos do tubo neural nos fetos, causados pela deficiência de folato. A ingestão de uma chávena de feijão bóer fornece cerca de

110% das vitaminas diárias recomendadas.

4. Propriedades anti-inflamatórias - As sementes, as folhas e as ervilhas do feijão bóer são utilizadas para tratar inflamações devido à presença de compostos orgânicos. A pasta de puré de feijão bóer é utilizada como tratamento para as hemorróidas.

5. Ajuda a perder peso - O feijão bóer possui uma baixa quantidade de calorias, colesterol e gorduras saturadas, o que o torna saudável. A presença de fibra dietética mantém a saciedade durante um longo período de tempo, aumenta a taxa de metabolismo e reduz as possibilidades de aumento de peso. Os nutrientes presentes no feijão bóer convertem-se em energia utilizável em vez de serem armazenados como gordura.

6. Aumentar a energia - A vitamina B também está presente no feijão bóer. A riboflavina e a niacina melhoram o metabolismo dos hidratos de carbono, evitam o armazenamento de gordura e aumentam os níveis de energia. É adequado para as pessoas que vivem em climas áridos, trabalho físico que reduz a energia rapidamente.

7. Ajuda a imunidade - Para manter os nutrientes, é preferível consumi-las cruas, pois 25% dos nutrientes perdem-se quando cozinhadas. As ervilhas cruas ajudam a melhorar o sistema imunitário. A vitamina C promove a produção de glóbulos brancos e actua como um antioxidante que promove o bem-estar geral, bem como uma forte imunidade.

8. Coração saudável - O feijão bóer contém fibra dietética, potássio e baixo colesterol que ajudam a manter o coração saudável. O potássio diminui a pressão sobre o coração ao reduzir a tensão arterial. A fibra alimentar mantém o equilíbrio do colesterol e previne a aterosclerose.

9. 8 *Fusarium oxysporum udum***:** *O* **agente patogénico da murchidão** *Fusarium oxysporum* é um agente patogénico de plantas amplamente disseminado, transmitido pelo solo, que geralmente causa murchidão vascular. Existe sob várias formas que são agrupadas em formae speciales com base na sua capacidade de provocar doenças num determinado hospedeiro. O agente patogénico *Fusarium oxysporum* vive no solo. Entre as culturas, sobrevive nos resíduos vegetais como micélio em todas as suas formas de esporos.

10. Classificação

Reino: Fungi

Divisão: Ascomycota

Classe: Sordariomycetes

Ordem: Hypocreales

Família: Nectria

Género: *Fusarium*

Espécies: *oxysporum*

O Fusarium oxysporum é um agente patogénico para as plantas, largamente difundido e transmitido pelo solo, que causa geralmente murchidão vascular. Existe sob várias formas que são agrupadas em formae speciales com base na sua capacidade de provocar doenças num determinado hospedeiro. O agente patogénico vive no solo. Entre as culturas, sobrevive nos resíduos vegetais como micélio em todas as suas formas de esporos.

Este é um grupo heterogéneo de muitos tipos de fungos pertencentes à classe Deuteromycetes, cuja fase sexual normal (também chamada fase perfeita) está ausente. No entanto,
em muitos deles foram registados casos de heterocariose e parassexualidade. Pertence à maior ordem de forma dos Deuteromicetos, os Moniliales. Os Moniliales diferem dos outros pela ausência de picnídio nas suas hifas algo soltas e separadas, não inatas e estreitamente agregadas. Os conídios, embora produzidos por vezes sob a forma de gemas ou por uma hifa que se rompe, encontram-se geralmente em conidióforos que têm uma ampla distribuição pelas hifas, ou estão unidos em grupos.

Os conídios e conidióforos são hialinos ou de cor viva. Os conidióforos não estão unidos em esporodóquios ou sinónimos. Os conídios raramente ocorrem como oídios, geralmente em conidióforos que podem ou não ser diferenciados das hifas somáticas; conídios com uma a três ou mais células, globosos a cilíndricos ou alongados a filiformes, por vezes de forma irregular, hialinos ou de cor viva.

O género *Fusarium* é constituído por conídios, principalmente de dois tipos: os macroconídios, que têm várias células e são ligeiramente curvados ou dobrados nas extremidades pontiagudas, em forma de fuso ou de foice, e os microconídios, que são geralmente unicelulares, mas podem ter duas células, ser ovóides ou oblongos, que se apresentam isoladamente ou em cadeia. Os conídios são frequentemente mantidos numa massa de material gelatinoso. Conidióforos variáveis, delgados, robustos, curtos, simples ou ramificados irregularmente ou com um feixe de fiálides, desenvolvidos individualmente ou agrupados em esporodóquios sem cerdas; os clamidósporos podem ou não estar desenvolvidos.

11. 0 Murchidão do feijão bóer:

A murchidão de Fusarium é causada pelo agente patogénico fúngico *Fusarium udum* (**Butler**). É a doença mais devastadora da ervilha-de-angola, causando uma perda anual de 5 milhões de dólares no Quénia, Malawi e Tanzânia. O agente patogénico vive no solo. Entre culturas, o patogéneo sobrevive como micélio e em todas as suas formas de esporos em resíduos vegetais (**Agrios, 1997**). O micélio ou o tubo germinativo dos esporos penetra nas plântulas através das pontas das raízes, de feridas ou do ponto de formação das raízes laterais. O micélio avança através do xilema e provoca o entupimento do feixe vascular, precedido de murchamento dos caules durante as fases de floração e enchimento das vagens, causando assim perdas de rendimento que variam entre 30 e 100% (**Reddy *et al.*, 1990**). Quando o fungo se espalha no campo, o agente patogénico pode sobreviver no solo durante vários anos. Os esporos do fungo podem ser disseminados para novas plantas através de equipamento agrícola, água, vento ou animais, incluindo o homem. A utilização de cultivares resistentes ao fungo *Fusarium udum* é a medida mais eficaz para controlar a doença.

A murchidão do feijão bóer (*Cajanus cajan* [L.] Millsp.) é comum em toda a Índia. A doença é muito destrutiva, sobretudo em partes de Bihar, das Províncias Unidas, de

Madhya Pradesh e de Bombaim, sendo bastante menos frequente em Madras. As perdas causadas por esta doença são frequentemente muito elevadas se a cultura for efectuada no mesmo solo durante dois ou três anos seguidos. A murchidão vascular causada por *Fusarium udum* é a doença mais destrutiva do feijão bóer (**Nene *et al.*, 1981**), tendo sido registada em 15 países, embora seja relativamente mais importante na Índia e na África Oriental, nomeadamente no Malavi.

12. 1 Sintomas:

O principal sintoma da doença é a murchidão das plântulas e das plantas adultas, como se estivessem a sofrer de seca, embora possa haver muita água no solo. O exame das raízes principais e da base do caule revela que os tecidos das plantas murchas estão enegrecidos, uniformemente ou em estrias escuras, especialmente nas fases iniciais. A mudança de cor ocorre na madeira, onde a infeção se torna mais pronunciada. O enegrecimento é por vezes visível através da casca, mas é claramente visível quando se remove a mesma. As estrias podem ser rastreadas até às raízes e podem ter origem nas raízes principais ou laterais. As estrias podem frequentemente ser detectadas no caule até uma altura de vários metros. Por vezes, são visíveis plantas com um lado apenas murcho e com o caule do lado manchado de preto, apresentando uma murchidão parcial. Os primeiros ramos a murchar são os que nascem das partes enegrecidas do caule.

A maior parte das plantas afectadas morre, mas nos casos de murchidão parcial, apenas as partes afectadas secam. As plantas doentes podem apresentar sintomas prolongados de ataque antes de morrerem, mas sem qualquer hipótese de recuperação. Quando as plantas com cinco a seis semanas de idade são atacadas pela doença, ocorre um amarelecimento das folhas e estas murcham, acabando as plantas por secar. As manchas de plantas infectadas encontram-se frequentemente espalhadas pelo campo, indicando os locais onde as colónias dos agentes patogénicos estavam presentes e onde a infeção começou. Estas manchas desenvolvem-se à volta da primeira planta atacada de forma centrífuga. Em casos de infeção ligeira, as plantas afectadas não produzem vagens, as flores caem imaturamente e muitas vezes não desenvolvem flores.

13. 2 O organismo causal:

A murchidão da ervilha-de-angola foi inicialmente atribuída por Butler a uma *Nectria* que encontrou nos caules e foi também atribuída ao Neo *Cosmospora vasinfecta*, mas, em resultado de investigações posteriores, Butler determinou que era devida a um *Fusarium* que

descreveu sob o nome de *Fusarium udum* (Butler), que acabou por ser designado por *Fusarium oxysporum* f. *udum*. Trata-se de um fungo que vive no solo e que é capaz de levar uma vida saprófita no solo durante longos períodos na ausência de um hospedeiro adequado. No entanto, quando se aproxima das raízes da planta hospedeira, é capaz de entrar e passar por um período de vida parasitária. O organismo causal é, portanto, um parasita facultativo. O micélio fúngico que cresce no interior do lúmen dos vasos do xilema obstrui os tecidos traqueais, interferindo assim com a livre circulação da água, provocando o murchamento das plantas e, por fim, a sua morte. O micélio é hialino e produz microconídios, macroconídios e clamidósporos nos tecidos do hospedeiro. Os microconídios nascem em hifas curtas no interior dos grandes vasos. São pequenos, elípticos ou curvos e são geralmente unicelulares, mas podem ter um ou mais septos. Os microconídios medem de 5µ a 15µ por 2µ a 4µ de diâmetro e são mantidos juntos numa massa de material gelatinoso. Os macroconídios são formados na superfície da casca em pequenas almofadas de micélio estromático que irrompem através da epiderme. Estes conídios são multicelulares, longos, ligeiramente curvados ou dobrados nas extremidades pontiagudas.

Estão divididos por três a cinco septos transversais e medem 15µ a 50µ de comprimento e 3µ a 5µ de largura. Os macroconídios são formados nas pontas de conidióforos curtos e caem individualmente sem serem mantidos juntos. Normalmente, os microconídeos desenvolvem-se primeiro, depois os macroconídeos, enquanto os clamidósporos se formam profusamente apenas quando o fornecimento de alimentos e humidade diminui.

14. 3 Ciclo da doença:

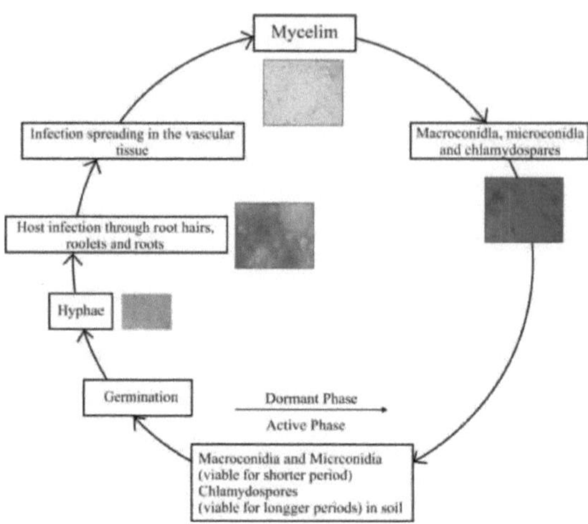

Figura 1.2: Ciclo da doença da murchidão do feijão-frade

A prevalência da doença da murchidão e a extensão dos danos causados pela doença devem-se em grande parte à infeção do solo da cultura anterior, a uma temperatura que varia entre 7 e 29°C. O fungo passa das raízes em decomposição para o solo e continua a crescer e a produzir esporos em condições saprófitas até à plantação da cultura seguinte. No entanto, não é capaz de viver indefinidamente em solos cultivados, pois de outra forma seria praticamente impossível cultivar feijão bóer em grande escala nas áreas infectadas. Uma vez que a infeção é transmitida pelo solo, a taxa de infeção aumenta muito rapidamente nos campos onde as plantas são cultivadas em grande número, pois o fungo propaga-se mais facilmente de raiz em raiz do que através do solo. O fungo permanece vivo no solo, mesmo na ausência da planta hospedeira, durante um período considerável, até mais de um ano. Tolera um pH de 4,6 a 9,0. Os micro e macroconídios são capazes de germinar mesmo após um ano, enquanto os clamidósporos mantêm a sua viabilidade durante um período de tempo ainda mais longo.

A infeção ocorre através das raízes laterais finas, que são penetradas pelas hifas. As raízes laterais infectadas ficam rapidamente enegrecidas e murchas. O fungo ganha então acesso à madeira e passa para as raízes maiores, que por sua vez são mortas. Mas no caso de raízes grandes ou da base do caule, o fungo entra através de feridas. Não foram registados indícios de infeção em partes acima do nível do solo.

As hifas atravessam as células, crescendo com grande rapidez ao longo do interior das paredes dos grandes vasos, até ao caule. Acumulam-se principalmente na madeira, obstruindo os vasos do xilema. Os rebentos das massas de hifas obstruídas estendem-se para as células vizinhas. Esta tendência geral para se espalhar rapidamente pelo xilema explica por que razão a descoloração que marca a presença do fungo pode ser encontrada numa fase relativamente precoce da doença, estendendo-se em longas faixas pelo caule a partir do ponto de origem das raízes infectadas. A preferência do fungo pelos vasos do xilema e a forma como estes são obstruídos por espirais de hifas emaranhadas são suficientes para explicar os sintomas de queda e murchamento das folhas. Embora o fornecimento de água às raízes possa ser amplo, a sua passagem para as partes verdes é impedida pela asfixia dos vasos do xilema. Esta condição é suficiente para produzir o mesmo efeito que uma seca severa. Mas é também possível que as toxinas segregadas pelo fungo desempenhem também um papel importante.

Foram avançadas várias teorias para explicar o murchamento

1)   Obstrução dos vasos do xilema pelas hifas do fungo.

2)   O fungo exala toxinas que provocam a murchidão das plantas.

3)   As plantas doentes transpiram mais água do que as plantas sãs, o que indica que a murchidão, em vez de ser consequência do entupimento, se deve, pelo contrário, a uma perda excessiva de água.

4)   O principal efeito da invasão vascular é a rutura dos vasos do xilema.

5)   A distribuição de produtos metabólicos do fungo pelo fluxo do xilema pode causar uma alteração na natureza permeável das células hospedeiras, levando a uma perda de água mais rápida e ao murchamento.

A interrupção total ou parcial do fornecimento de água das raízes para as partes aéreas da planta provoca o murchamento, a secagem e, por fim, a morte das partes verdes.

1.14 Raças patogénicas

A existência de variantes/raças de *F. udum* foi registada e citada como uma grande desvantagem no desenvolvimento de variedades de ervilha-de-angola resistentes à murchidão de Fusarium **(Okiror e Kimani, 1997)**. Os isolados *de F.udum* apresentam uma elevada variabilidade em termos de caraterísticas culturais, virulência e patogenicidade em genótipos de ervilha-de-angola, embora tenham sido recolhidos no mesmo local ou em diversas origens geográficas **(Parmita *et al.*, 2005)**. **1.15 Interação planta-patogénio**

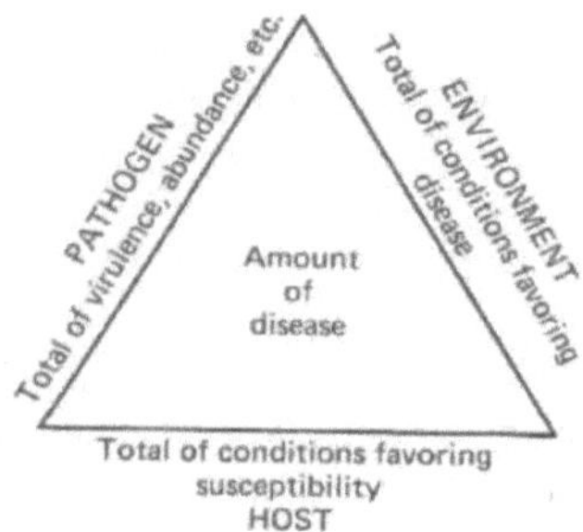

Figura 1.3: Pirâmide que representa a interação entre plantas e agentes patogénicos

A doença é definida como qualquer anomalia fisiológica ou perturbação relevante da saúde normal de um organismo vivo. As doenças podem ser causadas por agentes vivos (bióticos), incluindo fungos, bactérias e vírus, ou por factores ambientais (abióticos), como a deficiência de nutrientes, a seca, a temperatura excessiva, a radiação ultravioleta e a falta de oxigénio, ou a poluição.

Os agentes patogénicos distinguem-se como biotróficos, hemibiotróficos ou necrotróficos. A maioria dos agentes patogénicos biotróficos e hemibiotróficos só pode causar doenças num grupo relativamente pequeno de plantas hospedeiras, devido ao conjunto ligeiramente diferente de genes especializados e mecanismos moleculares necessários para cada interação entre o hospedeiro e o agente patogénico.

A espécie de planta na qual um agente patogénico é capaz de causar doença é conhecida como gama de hospedeiros. Uma espécie vegetal que não apresenta doença quando infetada com um agente patogénico é referida como espécie vegetal não hospedeira desse agente patogénico.

Quando um agente patogénico provoca uma doença numa determinada espécie hospedeira, são possíveis dois resultados. Ou uma resposta compatível que resulta em doença, ou uma resposta incompatível que resulta em pouca ou nenhuma doença.

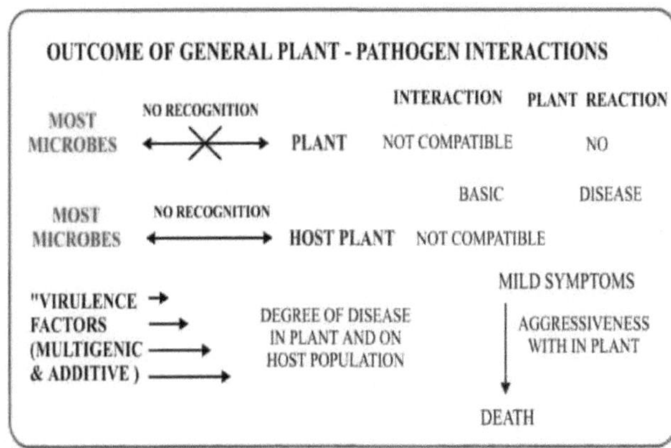

Figure 1.4 Resultado da interação geral planta-patógeno

Uma planta necessita de um único alelo de gene dominante, semi dominante ou resistente para resistir à infeção por um potencial agente patogénico. O produto proteico de tal gene reconhece direta ou indiretamente um sinal gerado.

O mecanismo de resistência do hospedeiro funciona - através de um gene R de resistência dominante na planta que codifica um produto. Nas plantas, o mecanismo de resistência pode ser subdividido em duas categorias: passiva (constitutiva) e ativa (induzida).

Os mecanismos passivos consistem em elementos estruturais, como a cutícula e as células da borda da raiz, e em compostos químicos antimicrobianos pré-formados, dentro da planta, denominados fitoanticipinas, que formam as camadas iniciais de proteção contra o ataque microbiano. Estas substâncias protegem a planta da invasão e também lhe conferem força e rigidez. Para além das barreiras pré-formadas, todas as plantas vivas têm a capacidade de detetar agentes patogénicos desafiantes e responder com defesas induzidas, incluindo a **resposta hipersensível** (morte celular local da planta) e a indução da expressão de genes específicos na planta, incluindo genes envolvidos no reforço da parede celular e/ou na reparação de genes de defesa estrutural para a biossíntese de compostos antimicrobianos adicionais e indução localizada de genes que codificam enzimas hidrolíticas e outras proteínas relacionadas com a defesa.

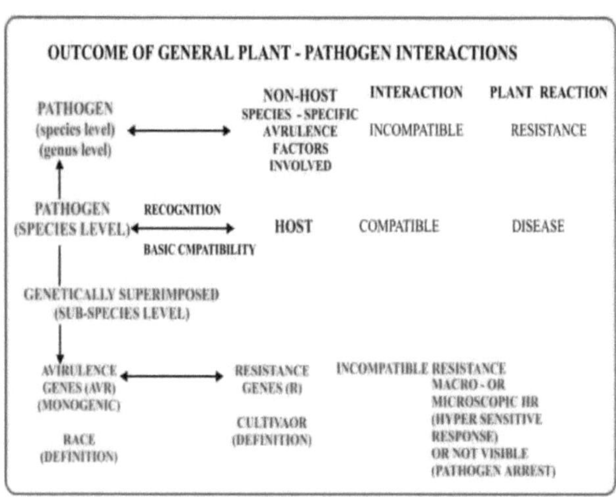

Figure 1.5   Resposta hipersensível

Quando uma planta hospedeira é atacada por agentes patogénicos virais, bacterianos ou fúngicos, responde de muitas formas complexas.

Acredita-se que a maior parte das respostas são concebidas para proteger a planta, eliminando ou restringindo o agente patogénico e limitando os danos que este causa. Em alguns casos, as tentativas de defesa não são bem sucedidas e o agente patogénico replica-se e espalha-se pela planta, causando geralmente danos ou mesmo a morte do hospedeiro. A falta de resistência pode dever-se à incapacidade do hospedeiro para reconhecer o agente patogénico. Alguns agentes patogénicos, designados por "vigaristas", desenvolveram estratégias específicas para mascarar a sua presença. Noutras interações planta-agente patogénico, o atacante é reconhecido mas as respostas de defesa não são iniciadas com a rapidez necessária. Noutro caso, os agentes patogénicos são reconhecidos mas conseguem ultrapassar o arsenal de defesa do hospedeiro. Acredita-se que estes agentes patogénicos "agressores" têm contra-ataques para as defesas iniciadas pelo hospedeiro da planta. A forma de resistência mais aceite é a resposta hipersensível (HR), exibida por muitas plantas contra agentes patogénicos fúngicos, bacterianos e virais. Na HR, uma infeção é seguida pelo rápido colapso e morte das células vegetais na vizinhança do local da infeção, resultando no aparecimento de uma lesão necrótica. O agente patogénico restringe-se à zona da lesão e o resto da planta permanece ileso. O mecanismo da HR não é totalmente compreendido, mas a sua ocorrência induz uma miríade de eventos fisiológicos, moleculares e bioquímicos.

Os principais eventos são:

(1) São produzidos compostos antimicrobianos de baixo peso molecular, denominados fitoalexinas;

(2) As enzimas são produzidas devido à expressão genética na via dos fenil propanóides, o que leva à produção de fitoalexinas e outros compostos fenólicos.

(3) A síntese e a incorporação de lenhina, glicoproteínas ricas em hidroxiprolina (HRGPs) e materiais fenólicos nas paredes celulares, reforçando assim as defesas estruturais da planta;

(4) A atividade da peroxidase é aumentada, o que é necessário para a biossíntese da lenhina, a ligação cruzada das proteínas da parede celular e a suberização;

(5) A ocorrência de actividades antivirais relativamente não caracterizadas, algumas das quais são devidas a novas proteínas;

(6) São expressos genes que codificam inibidores de proteinase que podem inibir proteinases de insectos e microbianas;

(7) A expressão dos genes que codificam as proteínas relacionadas com a patogénese (PR).

As proteínas PR estão divididas em cinco ou mais famílias não relacionadas. Duas destas famílias codificam as enzimas hidrolíticas quitinase e β-1,3 glucanase, que podem degradar as paredes celulares de fungos e bactérias.

Uma vez desencadeada a resposta hipersensível, os tecidos das plantas podem tornar-se altamente resistentes a uma vasta gama de agentes patogénicos durante um período de tempo prolongado. Este evento é designado por resistência sistémica adquirida (SAR), que representa um estado de preparação melhorado no qual os recursos da planta são mobilizados em caso de nova invasão.

1.16 Base molecular das respostas das plantas à invasão por agentes patogénicos

Os sistemas de defesa dependem frequentemente da combinação de um conjunto específico de genes R dominantes na planta e de um conjunto correspondente de genes de avirulência dominantes (Avr) no agente patogénico (**Keen, 1990**) a nível molecular. A expressão dos genes Avr desencadeia respostas de defesa da planta

respostas de defesa da planta governadas pelo produto do gene R. Esta estratégia de resistência gene-por-gene é a base molecular fundamental dos sistemas de defesa nas plantas. A estratégia foi originalmente proposta por (**Flor, 1955**) durante o estudo da resistência à ferrugem do linho. Esta base molecular é definida por um único gene R da planta para um único gene Avr do agente patogénico, daí o nome resistência gene a gene. De acordo com a terminologia envolvida na resistência gene a gene, se a planta for resistente, diz-se que o agente patogénico é avirulento e a interação, incompatível. Se a planta é suscetível, o agente patogénico é considerado virulento e a interação é considerada compatível. Numa dada interação planta-agente patogénico, é frequentemente possível que mais do que uma combinação específica de genes Avr e R esteja a funcionar ao mesmo tempo, e essas diferentes combinações são frequentemente co-dominantes. Estas combinações múltiplas reflectem a complexidade dos mecanismos de defesa da planta durante o ataque do agente patogénico. Caraterísticas fisiológicas como a troca de K^+/H^{++}, a rápida explosão oxidativa, a hipersensibilidade no local da infeção, a reticulação das paredes celulares das plantas, a síntese de compostos antimicrobianos conhecidos como fitoalexinas e a indução de proteínas relacionadas com os agentes patogénicos, como as quitinases e as glucanases (**Lamb *et al.*, 1989**), representam algumas das múltiplas alterações do metabolismo que conduzem à resistência às doenças.

1.17 Marcadores moleculares

Desde a década de 1980 que os marcadores moleculares são amplamente utilizados como instrumento principal para o melhoramento de muitas culturas. Muito trabalho tem sido efectuado para encontrar marcadores moleculares ligados a genes resistentes. Os marcadores fortemente ligados à resistência podem ajudar muito o programa de resistência a doenças, seguindo o gene sob seleção através da geração em vez de esperar pela expressão fenotípica do gene de resistência. O mapeamento genético de genes de resistência a doenças melhorou bastante a eficiência do melhoramento de plantas. Também conduziu a um conhecimento correto da base molecular da resistência. A tecnologia molecular do ADN tem sido utilizada em programas comerciais de melhoramento de plantas desde o início dos anos 90 e tem-se revelado útil para a transferência rápida e coerente de caraterísticas/atributos úteis para variedades e híbridos agronomicamente desejáveis. A seleção assistida por marcadores é feita por marcadores ligados a loci de resistência a doenças que podem agora ser utilizados para o programa de seleção assistida por marcadores (MAS), permitindo assim a acumulação de vários genes de resistência no mesmo genótipo (genes de resistência em pirâmide). Os genes R clonados fornecem agora novas ferramentas para os melhoradores de plantas melhorarem a eficiência das estratégias de melhoramento vegetal, através do melhoramento assistido por marcadores. Foi utilizada uma variedade de marcadores baseados no ADN para construir mapas de ligação genética e para a marcação molecular de várias caraterísticas agronómicas. Os sistemas de marcadores mais utilizados são o polimorfismo de comprimento de fragmentos de restrição (RFLP), o ADN polimórfico amplificado aleatoriamente (RAPD), o polimorfismo de comprimento de fragmentos amplificados (AFLP), as repetições de sequências simples (ISSRs) e os microssatélites ou repetições de sequências simples (SSRs).

1.18 ADN molecular amplificado aleatório (RAPD)

A técnica de ADN polimórfico amplificado aleatório (RAPD), baseada na reação em cadeia da polimerase (PCR), tem sido uma das técnicas moleculares mais utilizadas para desenvolver marcadores de

ADN. O RAPD é a modificação da PCR em que um único oligonucleótido curto e arbitrário (10 pb), com iniciadores capazes de se recozer e de se preparar em múltiplas localizações ao longo do genoma, pode produzir um espetro de produtos de amplificação que são caraterísticas do ADN modelo. A sequência-alvo a amplificar é desconhecida. O iniciador será um desenho com uma sequência arbitrária. Reação de PCR e 42

O teste do gel de agarose é efectuado para verificar se algum segmento de ADN foi amplificado na presença do iniciador arbitrário.

Vantagens

• O RAPD é superior a outras técnicas em termos de custo, rapidez de geração de dados e simplicidade.

• A técnica não requer qualquer conhecimento prévio do genoma e necessita apenas de uma pequena quantidade de ADN.

• O polimorfismo pode ser detectado em organismos estreitamente relacionados.

• É preferido por muitos investigadores como um método eficaz para identificar a variação genética dentro e entre a população.

• Os marcadores RAPD também apresentam um nível de polimorfismo semelhante ao dos marcadores isozyme.

• Os marcadores RAPD podem ser utilizados para amplificar um grande número de loci

• O RAPD envolve apenas PCR e géis de agarose, e os polimorfismos são geralmente visualizados sem a necessidade de radioisótopos marcados.

• Apenas são necessárias sequências de iniciadores. Não são necessárias sondas clonadas

Desvantagens

• A reprodutibilidade do marcador depende do recozimento dos primers. Os iniciadores com uma composição GC elevada recozem a uma temperatura mais elevada do que os iniciadores com um teor AT mais elevado. Por conseguinte, torna-se mais difícil obter resultados reprodutíveis utilizando condições padrão de PCR com um número crescente de iniciadores selecionados.

• Além disso, diferenças subtis na concentração de d NTP, na concentração de $Mg+^2$, no regime de ciclos e noutras condições afectam significativamente a reprodutibilidade de algumas análises RAPD e as identidades entre alguns laboratórios.

• Se a diversidade dentro da espécie for baixa, então não podem ser detectadas bandas polimórficas suficientes para a análise subsequente dos dados.

O presente estudo centra-se na interação entre o agente patogénico da murchidão e a ervilha-de-angola a nível estrutural, bioquímico e molecular. Prevê-se que uma melhor compreensão dos mecanismos de resistência e suscetibilidade conduzirá a melhores operações de gestão da doença nesta importante planta.

Rastreio da ervilha-de-angola relativamente à murchidão fúngica

Material e métodos de rastreio da murchidão fúngica do feijão bóer

A ervilha-de-cheiro (*Cajanus cajan* [L.] Millsp) é uma das leguminosas de grão mais cultivadas nas regiões tropicais e subtropicais e também nas regiões temperadas mais quentes (Carolina do Norte) **(Souframanien *et al.*, 2003)**. É favorecida pela sua tolerância à seca e é cultivada principalmente como cultura intercalar com cereais como o milho e o sorgo. É importante do ponto de vista nutricional, uma vez que contém elevados níveis de proteínas e aminoácidos. Ocupa o sexto lugar em importância entre as leguminosas comestíveis no mundo. A Índia é o maior produtor mundial de feijão-frade.

A murchidão vascular causada por *Fusarium oxysporum* f.sp. *udum* é a doença mais destrutiva do feijão bóer **(Nene *et al.*, 1981)**. Foi detectada em 15 países, embora seja relativamente mais importante na Índia e na África Oriental. *O Fusarium Oxysporum* f sp. *udum* é um parasita saprófita/facultativo que habita o solo e tem a capacidade de infetar as plantas através das raízes laterais finas. O micélio fúngico atravessa as células e cresce dentro do lúmen do xilema, obstruindo os tecidos traqueais, interferindo assim com a livre circulação da água, provocando o murchamento das plantas e culminando na sua morte.

Os métodos convencionais de cultivo, como o cultivo de diferentes culturas em sucessão, para evitar o esgotamento do solo e a consociação de culturas, ajudam a reduzir a incidência da doença. Embora a utilização de fungicidas permita um melhor rendimento das culturas, o meio mais eficaz e desejável para controlar a doença é a seleção e plantação de cultivares resistentes.

O rastreio e a seleção de tecido vegetal *in vitro* para resistência a toxinas fúngicas ou a filtrados de cultura têm sido bem sucedidos em várias espécies **(Hartman *et al.*, 1986)**. O filtrado de cultura purificado de Fol provoca sintomas morfológicos e fisiológicos como o escurecimento e a murchidão, que são muito semelhantes aos sintomas produzidos pela infeção fúngica. Por conseguinte, é possível utilizar o filtrado de cultura na seleção e avaliação da resistência a doenças. Sete cultivares de ervilha-de-angola foram adquiridas na estação de investigação de leguminosas, Vadodara, Índia. Para estudar as alterações bioquímicas, anatómicas e moleculares que diferenciam a cultivar resistente da suscetível, foi necessário começar por selecionar as cultivares adquiridas, através de métodos de bioensaio *in vitro* e *in vivo*.

O bioensaio (ensaio ou avaliação biológica) ou normalização biológica é um tipo de experiência científica. Um bioensaio é uma avaliação da atividade biológica de uma substância, testando o seu efeito num organismo (*in vitro* e *in vivo*) e comparando o resultado com um padrão acordado. O efeito potencial ou a natureza de uma substância é avaliado através do estudo dos seus efeitos na matéria viva.

Em fitopatologia, os bioensaios são utilizados para descobrir e desenvolver resistência a doenças, fungicidas, nematocidas e agentes biológicos. Os bioensaios primários são normalmente testes qualitativos *in vitro* entre os potenciais agentes microbianos e os agentes patogénicos das plantas. Os bioensaios secundários *in vivo* com o hospedeiro e o agente patogénico num ambiente regulamentado ajudarão a rastrear e a identificar potenciais agentes de biocontrolo.

A ervilha-de-angola tem sido tradicionalmente selecionada para resistência à murchidão em campos infectados com esta doença. Foram utilizados vários procedimentos para o rastreio da resistência a agentes patogénicos transmitidos pelo solo, envolvendo a imersão de raízes em inóculos, o cultivo de sementes ou plântulas infestadas, a imersão de sementes em inóculo **(Sarkar *et al.*, 1982)** e a injeção de inóculo nas plantas. A potência destas técnicas depende de vários factores, incluindo a concentração de esporos, a idade da planta no momento da inoculação e as condições ambientais, como a temperatura e a humidade. As lesões na planta, especialmente nas raízes, aumentam a infeção.

O objetivo deste estudo foi encontrar uma técnica adequada para a seleção de germoplasma de feijão bóer para suscetibilidade ou resistência à murcha *de Fusarium*.

2.1 Cultivares de ervilha-de-pombo

As sementes das seguintes sete cultivares de ervilha-de-angola 1) BANAS, 2) ICPL 87119, 3) GT100, 4) GT101, 5) GT 1, 6) BDN2, 7) T 1515 foram adquiridas na Pulse Research Station, Vadodara, Índia. Estas cultivares foram estabelecidas no jardim do departamento para estudos posteriores.

2.2 Isolamento do agente patogénico

O agente patogénico fúngico *Fusarium udum* foi isolado de plantas de ervilha-de-angola infectadas com o fungo e que apresentavam sintomas de murchidão. As raízes obtidas da planta colhida na parcela doente com murchidão foram esterilizadas à superfície com cloreto de mercúrio a 0,1% durante um minuto. As amostras foram depois enxaguadas em água destilada e depois colocadas em ágar dextrose de batata numa placa de Petri e incubadas a 30°C durante 7 dias. O fungo foi identificado como *Fusarium Udum* com base nos esporos produzidos. Após o crescimento do fungo, as placas foram armazenadas no frigorífico para preservar o fungo.

2.3 Preparação do filtrado da cultura de fungos

O Fusarium udum foi cultivado em placas de ágar dextrose de batata (PDA) durante sete dias a 26°C. As plaquetas dos micélios foram utilizadas para inocular 100 ml de caldo de dextrose de batata em frascos Erlenmeyer de 250 ml, mantidos a 26°C como cultura estacionária durante três semanas. Após três semanas de cultura estacionária, o micélio e os conídios foram filtrados em papel de filtro Whatman n.º 1 seguido de um filtro de 0,2 µm para obter o filtrado bruto da cultura.

2.4 Preparação da suspensão de esporos

O Fusarium udum foi cultivado em caldo de dextrose de batata e incubado com agitação (120 rpm) a 28°C. Após 1 semana de incubação, a suspensão de conídios foi obtida por filtração com um filtro de 0,22 μm. O filtrado foi então centrifugado a 10.000 g a 4° C durante 15 min, e o glicerol foi adicionado ao pellet a 30% (v/v) de concentração final. A suspensão de conídios foi ajustada para uma concentração que varia de 1x 10^2 a 1x 10^6 /ml através de diluições em série e foi utilizado um hemocitómetro para a contagem.

2.5 Seleção de cultivares resistentes

1. Bioensaio *in vitro*:- As folhas de todas as cultivares selecionadas foram colhidas, lavadas em água corrente da torneira e esterilizadas à superfície por imersão em cloreto de mercúrio a 0,1% durante 1 minuto, seguida de lavagem com água destilada estéril. As folhas foram perfuradas num disco de 1 cm e transferidas para placas de Petri revestidas com papel de filtro Whatman e tratadas com Filtrado de Cultura Fúngica (FCF) contra caldo de batata dextrose como controlo e incubadas à temperatura ambiente. Os discos de folhas foram avaliados quanto aos sintomas da doença após 24, 48, 72 e 96 horas.

2. Bioensaio *in vivo*:-

A. Inoculação por imersão da raiz - O método de inoculação por imersão da raiz foi efectuado para diferenciar as cultivares como resistentes e susceptíveis. As pontas das raízes foram excisadas e as raízes mergulhadas em suspensões de conídios (10^4 conídios/ml) preparadas a partir da colónia de fungos.

B. Sementeira direta - O bioensaio *in vivo* de todas as sete cultivares de ervilha-de-angola foi realizado com plantas de controlo e tratadas (cultivadas em solo inoculado com esporos), cultivadas em réplicas de cinco plantas cada, durante um período de três meses. A emergência das plântulas foi registada uma semana após a sementeira. A observação do número de plantas murchas de cada genótipo foi registada a intervalos regulares durante um período de 30, 45 e 60 dias. A percentagem de incidência de murchidão foi calculada com base na contagem inicial de plantas e no número total de plantas murchas em cada genótipo. Os genótipos foram classificados de acordo com **(Nene *et al.*, 1981)**

3. Resultados

3. 1 Características macroscópicas   e microscópicas do agente patogénico

Os micélios fúngicos que cresciam no meio de ágar sólido apareciam como uma mancha branca de algodão, uniformemente espalhada no meio. Uma incubação mais prolongada da cultura fúngica resultou numa mudança de cor da massa branca cotonosa para laranja (Fig. 2.1 e 2.2).

CULTURE PLATE   **MYCELIUM**

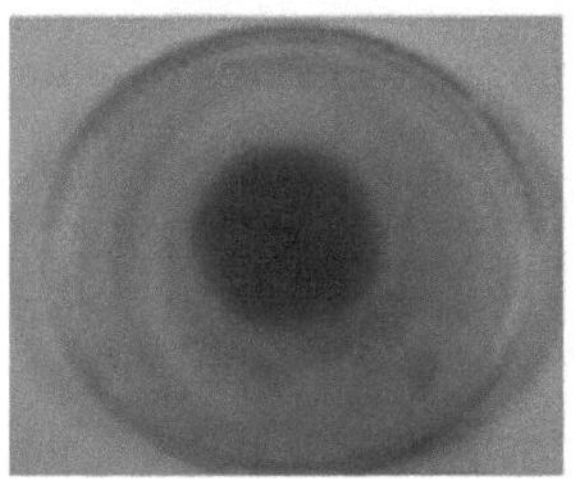
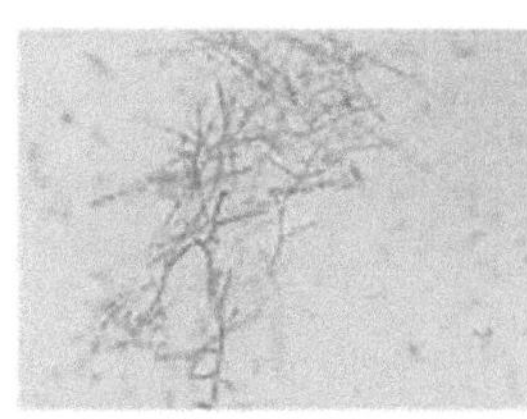

Figura: Placa de cultura e micélio do fungo *Fusarium*

O exame microscópico do fungo revelou três tipos de conídios: microconídios de forma oval, macroconídios em forma de foice e clamidósporos de paredes espessas. A morfologia micelial e a forma e o tamanho dos esporos foram utilizados para confirmar e identificar o fungo como *Fusarium udum*.

Microconidia   **Macroconidia**

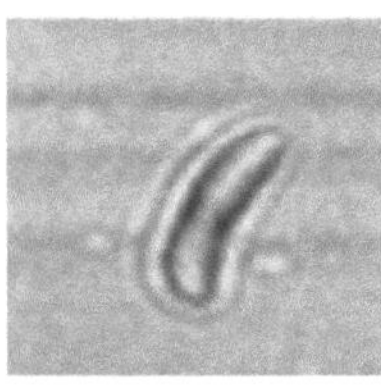
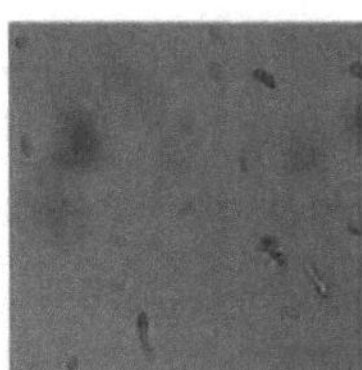

Figura: Micélio e macroconídios do fungo *Fusarium*

2.1 Ensaio *in vitro*

Os metabolitos fitotóxicos de *Fusarium udum* induziram lesões necróticas, enquanto os discos foliares de controlo não apresentavam lesões necróticas. Após 24 horas de incubação, algumas cultivares apresentaram clorose/fusarose na periferia dos discos foliares, que diferiam em gravidade, enquanto outras não foram afectadas. A gravidade da doença só foi discernível após 24 horas. Por conseguinte, foi novamente incubado durante mais 24 horas. Após 48 horas, as cultivares que apresentavam clorose após 24 horas mostraram um aumento significativo dos sintomas, enquanto outras que não foram afectadas revelaram clorose na periferia ou permaneceram assintomáticas. A incubação por mais 24 horas não mostrou nenhuma mudança na clorose. A experiência foi continuada para avaliar o impacto do tempo na progressão da clorose, mas os resultados não foram significativos.

As cultivares que apresentaram sintomas após 24 horas de tratamento foram T 1515, GT-101 e BANAS. Após 48 horas, BDN2 e GT-1 mostraram clorose, enquanto ICPL 87119 mostrou muito menos sintomas mesmo após 96 horas. Com base nestas reacções, as cultivares foram classificadas como susceptíveis, tolerantes e resistentes, respetivamente. T1515, GT-101 e BANAS foram classificadas como susceptíveis, GT-100, GT-1 e BDN-2 como tolerantes e ICPL-87119 foram classificadas como cultivares resistentes.

2.2 Bioensaio *in vivo*

2.2.1.1 Inoculação por imersão das raízes

Entre as sete cultivares, a ICPL 87119 foi altamente resistente e a T 1515 foi altamente suscetível.

2.2.2 Semeadura direta

A sementeira direta no solo infestado foi considerada a técnica mais eficaz. A murcha ocorreu no início do crescimento das plantas, e a extensão da murcha expressa foi suficiente para distinguir entre cultivares resistentes e susceptíveis. A percentagem de incidência da doença foi calculada utilizando a fórmula de **(Wheeler, 1982)**. A fórmula utilizada é a seguinte: Incidência da doença= (Número de plantas infetadas/número total de plantas) x 100

A variedade ICPL 87119 exibiu uma incidência de murchidão de apenas 39%, GT-100 56,7%, BDN2 76,7%, GT-1 73,3%, GT 101 80%, BANAS 80%   e   T   151587%

Dependendo da percentagem de murchidão, foi atribuída a classificação da gravidade da doença. Entre as sete cultivares selecionadas, a ICPL 87119 foi altamente resistente, enquanto a T1515 foi altamente suscetível. Com base na gravidade da doença, as cultivares foram diferenciadas como resistentes, tolerantes e susceptíveis, tendo-se verificado uma correlação positiva e significativa entre os resultados obtidos *in vivo* e *in vitro*

Tabela: Classificação das cultivares com base na incidência de murchidão

Cultivar	% de murchidão	Classificação	Gama %
Banas	80	Suscetível	80-100
Icpl-87119	39	Resistente	20-40
Gt-100	56.7	Tolerante	40-80
Gt-101	80	Suscetível	80-100
Gt-1	73.3	Tolerante	40-80
Bdn-2	46.7	Tolerante	40-80
T 1515	87	suscetível	80-100

4. Discussão

Com base em observações macroscópicas e microscópicas do micélio fúngico e dos esporos isolados das plantas infectadas com a murchidão, bem como nos sintomas típicos de murchidão causados pelo agente patogénico, o fungo foi identificado como sendo o agente patogénico da murchidão do feijão-frade: *Fusarium udum*.

Os métodos fiáveis *in vivo* ou *in vitro* são muito importantes para o rastreio da resistência ou suscetibilidade das cultivares. Esses métodos reduzem o tempo e a mão de obra despendidos nas avaliações no terreno, que normalmente demoram mais tempo e requerem recursos consideráveis. A avaliação da resistência num curto espaço de tempo, com custos mínimos e sob infestação uniforme pelo agente patogénico, é necessária para o rastreio da resistência de grandes populações de plantas. Foram comunicados vários métodos de ensaio de resistência à murcha *de Fusarium*, que incluem a planta inteira, o folíolo destacado, o disco foliar, o segmento de caule e o ensaio de campo. Os primeiros quatro métodos também podem ser designados por ensaios laboratoriais ou *in vitro*. Embora todos os métodos possam ser utilizados em

59

os métodos mais eficazes e fiáveis são geralmente aceites como sendo as infecções naturais ou as parcelas de ensaio inoculadas em condições de campo.

O ensaio de desprendimento de folíolos provou ser eficaz para separar o germoplasma em categorias distintas de resistentes ou susceptíveis **(Dorrance e Inglis, 1997)**. As fitotoxinas são instrumentos úteis para a introdução e seleção de plantas resistentes a doenças através da seleção *in vitro*. O possível envolvimento do ácido fusárico, uma toxina não específica, no desenvolvimento da doença foi analisado **(Pegg, 1981)**. Foi relatado que várias estirpes de *Fusarium oxysporum* produzem fitotoxinas de baixo peso molecular com diferentes naturezas químicas em culturas líquidas que se revelaram eficazes em várias doenças induzidas por Fusarium. Por esta razão, o ácido fusárico encontrou aplicação como agente seletivo para a resistência a *Fusarium* em algumas plantas. **(Companioni *et al.*, 2005)** relataram uma metodologia que envolveu o tratamento *in vitro* de folhas cultivadas no campo com filtrado de cultura fúngica contendo ácido fusárico de *Fusarium oxysporum* f. sp. *lycopersici* e a medição da área das lesões após 48 horas. A resposta *in vitro* apresenta uma correlação direta com a resposta *in planta*. Por conseguinte, estes ensaios, quando combinados com um programa de seleção, são muito eficazes **(Jayasankar *et al.*, 2003)**. **(Sutherland *et al.*, 1992)** encontraram uma correlação favorável entre o ácido fusárico e a rápida estimulação dos sintomas da doença, como a necrose interveinal e a dessecação foliar. No presente estudo, os mesmos sintomas são estimulados após a aplicação de toxina sob a forma de filtrado de cultura de fungos.

Preferiu-se um método de inoculação por imersão contínua em vez de inoculação por gota e pulverização. No caso da inoculação por gota ou pulverização, certos parâmetros como folha plana, área de cobertura uniforme, volume de inoculação, feridas na folha tiveram de ser especialmente tidos em conta, ao passo que a inundação com filtrado de cultura fúngica reduz a ocorrência de erros. O bioensaio foi realizado utilizando folhas jovens e posicionadas lateralmente a partir do primeiro nó da planta, porque a posição e a idade das folhas são factores críticos que decidem a reprodutibilidade de um bioensaio (**Nelson *et al.*, 2006**).

O rastreio da resistência utilizando os metabolitos fitotóxicos revelou que as sete cultivares apresentaram reacções diferenciadas, variando de completamente susceptíveis a resistentes.

Embora todos os métodos possam ser aplicados no ensaio de resistência, os métodos mais eficazes e fiáveis são geralmente aceites como sendo o modo natural de infecções ou parcelas de ensaio inoculadas em condições de campo. O método de imersão de raízes forneceu uma base comparativa de cultivares resistentes e susceptíveis entre as sete cultivares. Resultou numa elevada percentagem de plantas murchas em todas as cultivares. A um nível baixo de inóculo, a diferença entre cultivares susceptíveis e resistentes foi mais evidente. A poda das raízes predispôs as plantas à invasão precoce de fungos. Este método exige muito trabalho e tempo e pode não ser útil para a seleção de um grande número de plantas. A sementeira direta de sementes no solo infestado foi a mais eficaz. Os sintomas de murchidão ocorreram durante as fases iniciais do crescimento da planta e o nível de murchidão induzido foi suficiente para diferenciar entre cultivares resistentes e susceptíveis. Além disso, a técnica é simples, fiável, fácil de aplicar e rentável e corresponde à sementeira em solo infestado no campo. (**Hubbling, 1980**) O método de sementeira direta tem sido utilizado noutras culturas para o rastreio de doenças (**Amusa *et al.*, 1994**). Esta técnica é conhecida por proporcionar a melhor comparação com os resultados de campo no rastreio da resistência a *Fusarium oxysporum* f. *vasinfectum* no algodão (**Hillocks, 1984**)

As avaliações da expressão dos sintomas após a inoculação com Fol não fornecem informações diretas sobre a resistência ao Fol. Idealmente, o crescimento da população do fungo deveria ser utilizado como uma medida direta da resistência. No entanto, embora tenham sido feitas tentativas para determinar as taxas de crescimento e o progresso da invasão por Fol, ainda é praticamente impossível determinar com precisão a quantidade de patogéneo na planta **(Beckman *et al.*, 1972)**.

Consequentemente, os efeitos indirectos da presença do fungo, nomeadamente o escurecimento dos feixes vasculares e a redução do crescimento das plantas, foram tomados como parâmetros para avaliar a resistência. Deste modo, a tolerância ao escurecimento e a resistência ao fungo foram confundidas. Além disso, a tolerância à redução do crescimento das plantas pode indicar uma falsa resistência. No entanto, nas cultivares resistentes, o número de plantas doentes foi sempre baixo ou mesmo inexistente e a redução do crescimento foi muito menor do que nas cultivares susceptíveis. Tanto os estudos *in vitro* como *in vivo* revelaram uma correlação altamente positiva entre a pontuação da doença no campo com base na infeção natural e a lesão necrótica obtida utilizando filtrado de cultura.

Análise bioquímica da interação entre plantas e agentes patogénicos.

Introdução

As plantas desencadeiam uma série de reacções gerais de defesa, que incluem a produção de fitoalexinas e proteínas antimicrobianas, ao reconhecerem microrganismos invasores. **(Radhajeyalakshmi *et al.*, 2009)**. Devido à infeção fúngica, as plantas induzem a expressão de um número de enzimas e proteínas relacionadas com a patogénese. A inoculação de plantas com agentes patogénicos ou o tratamento com alguns compostos químicos resultam no estabelecimento de resistência sistémica adquirida (SAR), que é acompanhada pela síntese de proteínas relacionadas com a patogénese (proteínas PR). Os genes relacionados com a defesa codificam uma variedade de proteínas que controlam a expressão de outros genes relacionados com a defesa **(Dixon *et al.*, 1994)**.

A murchidão de *Fusarium* causada por *Fusarium udum* é um importante fator de limitação biótica na produção de ervilha-de-angola no subcontinente indiano, que resulta numa perda de 16-47% da colheita **(Prasad *et al.*, 2003)**. O fungo entra no sistema vascular do hospedeiro na ponta das raízes através de feridas ou lesões causadas por nemátodos. Isto conduz a uma clorose progressiva das folhas e dos ramos, à murchidão e ao colapso do sistema radicular. Na própria Índia, a perda devida à doença está estimada em 71 milhões de dólares e a percentagem de incidência da doença varia entre 5,3 e 22,6% (**Kannaiyan *et al.*, 1984**).

As plantas desenvolveram uma variedade de sistemas de defesa induzíveis contra o ataque de agentes patogénicos. Algumas das respostas são constitutivas e não específicas do agente patogénico, mas a maioria delas é induzida após o reconhecimento do agente patogénico. O reconhecimento resulta na ativação de uma variedade de respostas de defesa, incluindo a morte celular localizada rápida (a resposta hipersensível), a síntese de proteínas relacionadas com o agente patogénico (PR) e a indução de resistência adquirida sistémica (**Schneider *et al.*, 1996**). Alguns dos elementos mais bem estudados da defesa ativa das células vegetais contra ataques de agentes patogénicos são as alterações no metabolismo da oxidação, que se pensa contribuírem para restringir a entrada de agentes patogénicos. Estes mecanismos incluem a produção de espécies reactivas de oxigénio (ERO), tais como o anião superóxido (O_2^-), o peróxido de hidrogénio (H_2O_2), o radical hidroxilo (OH^-), bem como a produção de compostos fenólicos, a indução de enzimas hidrolíticas (por exemplo, quitinases e glucanases), radicais livres e quininas (**Peng e Kuc, 1992**). Os ROS produzidos participam nos danos do agente patogénico agressor (**Peng e Kuc, 1992**). A indução sistémica de um componente importante, a peroxidase (POD), uma proteína PR (**Xue *et al.*, 1998**), está envolvida na ligação cruzada de moléculas de extensão e na polimerização de álcoois hidroxicinamílicos para formar lenhina (**Dalisay e Kuc, 1995**). Pensa-se que a POD desempenha um papel importante no catabolismo da auxina. A catalase (EC 1.11.1.6) está presente em várias isoformas nas plantas (**Scandalios *et al.*, 1994**). A catalase desempenha um papel importante na proteção das células contra os efeitos tóxicos do peróxido de hidrogénio. A fenilalanina amoníaco-liase (PAL) é outra enzima responsável pela conversão do fenil em ácido trans-cinâmico, que é um intermediário fundamental na via de produção de lenhina e ácido salicílico. Dependendo da espécie vegetal, a PAL pode desempenhar um papel quer na resistência localizada quer na SAR (**Hammond-Kosack e Jones, 1996**). Diz-se que a atividade da PAL está correlacionada com a síntese de fenóis em resposta à infeção por agentes patogénicos. A pectina, um dos principais componentes, é secretada numa forma altamente metil esterificada e é dimetil esterificada pela pectina metil esterase (PME). Foi relatado que as PMEs desempenham um papel na resistência a agentes patogénicos fúngicos e bacterianos **(Wietholter *et al.*, 2003)**. O papel das enzimas na interação planta-fungo foi resumido por **(Lebeda *et al.*, 2001)**.

A resistência natural das plantas às doenças baseia-se em defesas pré-formadas e também em mecanismos induzidos. Os mecanismos induzidos estão associados a alterações locais no local da infeção pelo agente patogénico, como a resposta hipersensível (HR), que é uma das formas mais importantes de defesa das plantas. O presente estudo foi realizado para determinar as alterações nos parâmetros bioquímicos devidas à infeção por Fusarium em ervilha-de-angola. Enzimas, pigmentos e metabolitos como a catalase, a peroxidase, a fenilalanina amonialiase, a pectina metil esterase, a β1,3-glucanase, a clorofila total, as proteínas e os fenóis foram quantificados na variedade resistente e suscetível em condições de controlo não infectadas e infectadas.

2. Materiais e métodos

1. Cultivares de ervilha-de-angola/Materiais vegetais

O presente estudo foi realizado durante duas épocas, de dezembro de 2010 a fevereiro de 2011 e de março de 2011 a agosto de 2011. O rastreio das sete cultivares para diferenciar as variedades resistentes e susceptíveis foi efectuado através de métodos de bioensaio *in vitro* e *in vivo*. O bioensaio *in vitro* foi efectuado pelo método de bioensaio de disco foliar. O ensaio *in vivo* foi efectuado pelo método de sementeira direta. Entre as sete variedades, a ICPL 87119 foi altamente resistente e a T 1515 foi suscetível. Estas duas cultivares foram utilizadas para estudos posteriores.

2. Amostragem

As plantas foram cultivadas em solo inoculado com 10 ml de suspensão de esporos conidiais com uma concentração de 1×10^4/ml enquanto as plantas de controlo foram cultivadas em solo desprovido do inóculo fúngico. As folhas primárias e o primeiro trifoliado do mesmo tamanho e posição foram colhidos de ambas as plantas inoculadas e de controlo a partir do dia da emergência do primeiro folheto durante sete dias contínuos e utilizados para a proteína total, fenol total e teor de clorofila.

3. Ensaios bioquímicos

A interação planta-agente patogénico provoca uma alteração nos parâmetros bioquímicos como o teor de proteínas, fenol total e clorofila. Foram efectuados ensaios bioquímicos sobre o teor de proteínas totais, fenóis totais e clorofila durante duas estações, a fim de observar o padrão das alterações quantitativas que ocorrem nas variedades resistentes e susceptíveis durante a infeção por *Fusarium*. **A. Estimativa do teor de proteínas totais**

As amostras de folhas de controlo e inoculadas foram extraídas com tampão fosfato 0,1 M frio a pH 7,0 e filtradas. O resíduo foi novamente extraído, filtrado e combinado. O filtrado foi centrifugado a 15.000 g a 4° C. A concentração de proteínas foi medida utilizando os procedimentos colorimétricos de **(Lowry *et al.*, 1951)**, utilizando albumina de soro bovino como padrão de referência. Os valores foram expressos em mg/grama de peso fresco.

B. Estimativa do teor fenólico

O teor de fenol foi estimado utilizando o reagente Folin-Ciocalteau. Um grama de material vegetal foi homogeneizado em 10 volumes de etanol a 80%. O homogenato foi centrifugado e o sobrenadante foi evaporado num banho de água. O resíduo foi dissolvido num volume conhecido de água destilada. Foram colocadas diferentes alíquotas num tubo de ensaio. O volume de cada tubo foi ajustado para 5 ml com água. Adicionou-se a cada tubo 0,5 ml de reagente de Folin-Ciocalteau. Após 3 minutos, foram adicionados 2 ml de solução de Na_2CO_3 a 20%, após incubação num banho de água a ferver durante exatamente um minuto, e mediu-se a absorvância a 660 nm. O catecol foi utilizado como padrão. A concentração de fenóis foi calculada e expressa em mg de fenóis/100g de material. **(Folin e Ciocalteau, 1927)**

C. Estimativa dos pigmentos de clorofila

Os pigmentos de clorofila foram extraídos de folhas saudáveis e infectadas em acetona a 80%, de acordo com **(Mahadevan e Sridhar, 1982)**. A absorvância foi registada a 663 e 645nm num espetrofotómetro.

D. Ensaios enzimáticos

1. Ensaio da peroxidase (EC.1.11.1.7):

A mistura de reação consistiu em 1,0 ml de O-Dianisidina 0,01 M, 2,4 ml de água destilada, 1,0 ml de tampão fosfato 0,1 M e 0,5 ml de H_2O_2 20 mM. A reação foi iniciada com 0,2 ml de extrato enzimático e a mistura foi incubada à temperatura ambiente. Após 5 minutos, a reação foi terminada pela aplicação de 1,0 ml de H2SO4 2N e a absorvância foi medida a 430 nm num espetrofotómetro. No início da reação enzimática, a absorvância da mistura de controlo contendo 1,0 ml de O-dianisidina 0,01 M, 1,0 ml de tampão fosfato 0,01 M e 0,5 ml de H_2O_2 20 mM, 0,2 ml de extrato enzimático e 1,0 ml de H2SO4 2N foi fixada em zero num espetrofotómetro. A atividade da peroxidase (PO) foi expressa como alteração na absorvância da mistura de reação unidade/min g^{-1-1} ml^{-1} de peso fresco.

2. Ensaio da fenilalanina amónia-liase:

(EC.4.3.1.5)

A atividade da PAL foi avaliada de acordo com o método de **(Malik e Singh, 1980)**. Com pequenas modificações, a reação foi iniciada adicionando-lhe 0,5 ml de fenilalanina 0,1 M em tampão borato de sódio 0,1 M, pH 8,8, 3 ml de tampão borato de sódio 0,1 M, pH 8,8 e 0,1 ml de alíquota de enzima. A mistura de reação foi incubada a 37°C durante 2 horas. A alteração da absorvância foi descrita como n moles de ácido cinâmico libertado /hr/gm de peso fresco.

3. Ensaio da β-1, 3 Glucanase: (EC.3.2.1.39):

A atividade da B-1,3 Glucanase foi avaliada pelo método do Dinitrosalicilato de laminarina. Um grama de folha de ervilha-de-angola foi homogeneizado com 3 ml de tampão de acetato de sódio (0,05 M), pH 5,0 a 4 °C, utilizando um pilão e um almofariz refrigerados. O extrato foi depois centrifugado a 10.000 g durante 15 minutos a 4°C e o sobrenadante foi utilizado como extrato enzimático bruto. O extrato enzimático bruto (62,5 µl) foi adicionado a um volume igual de Iaminarina (4%) e incubado a 40°C durante 10 min. A reação foi interrompida pela adição de 375 µl de reagente de ácido dinitrosalicílico e fervida durante 5 min num banho de água a ferver. A solução colorida resultante foi diluída com 4,5 ml de água, agitada em vórtice, e a absorvância a 500 nm foi determinada. O branco foi a preparação enzimática bruta misturada com laminarina com incubação de tempo zero. A atividade enzimática foi expressa em µmol min-1 ml-1.

4. Ensaio da catalase (EC.1.11.1.6):

A catalase foi testada pelo método de **(Mahadevan e Sridhar, 1986)**. A mistura de reação continha 2,7 ml de tampão fosfato 0,1 M (pH 6,5) a 4°C e 0,1 ml de peróxido de hidrogénio 0,2 M e 0,2 ml de extrato enzimático bruto. A absorvância foi medida a 230 nm num espetrofotómetro com um intervalo de 15 segundos durante 2 minutos.

5. Ensaio da pectina metil esterase (PME): (EC 3.1.1.11)

A PME (EC 3.1.1.11) foi testada de acordo com **(Hagerman e Austen, 1986)**. Uma quantidade conhecida de material foi homogeneizada em 15 ml de NaCl a 8,8% a 4°C. O extrato foi centrifugado a 20.000 g durante 10 min. O sobrenadante foi ajustado a pH 7,5 com NaOH e utilizado para o ensaio. A mistura de reação continha 2 ml de pectina, 0,15 ml de azul de bromotimol e 0,83 ml de água. A mistura é incubada a 25°C num banho de água circulante. A absorvância inicial é determinada a 620 nm contra um branco de água. A reação é iniciada adicionando 100 µl de solução enzimática e a taxa de diminuição é medida em intervalos de 20, 40, 60 e 80 segundos. A atividade da enzima foi calculada a partir da parte linear da curva, subtraindo o valor de absorvância inicial obtido no passo 2. A atividade enzimática foi expressa em unidades/min/gm de material.

3. Resultados

3.1 Proteína total

Verificou-se um aumento constante do teor de proteínas, atingindo o máximo no 4º dia, tanto nas plantas de controlo tratadas como nas não tratadas. As plantas da variedade resistente (ICPL 87119) apresentaram um teor de proteínas mais elevado nas plantas de controlo (33,933 mg/gm de peso fresco) e inoculadas (39,177 mg/gm de peso fresco), enquanto na variedade suscetível, o aumento do teor de proteínas foi observado no 6º dia com plantas de controlo (21,664 mg/gm de peso fresco) e inoculadas (24,467 mg/gm de peso fresco). (Quadro 1 a)

Tabela 1a: Alterações no teor de proteínas solúveis totais em cultivares de feijão bóer durante o mês de fevereiro. Os valores representam a média± S.D. n=3.* Os números a negrito representam o teor máximo-

Proteína	fevereiro			
(mg/g)				
Dias	ICPL C	ICPL I	T 1515 C	T 1515 I
1	27.270+ 3.8975	24.310+ 1.3558	22.860+1. 7665	18.242+1. 2850
2	30.266+ 1.1335	31.375+ 3.0682	25.399+3. 1795	18.330+0. 7055
3	23.755+ 2.4093	33.020+ 1.7669	25.287+3. 9791	17.933+1. 4111
4	**33.933+ 2.0273**	**39.177+ 0.3905**	22.665+3. 2460	23.080+1. 7517
5	26.895+ 2.5665	30.844+ 0.3900	23.311+4. 2405	17.422+1. 0634
6	26.895+	32.88+2.	**21.664+3.**	**24.467+4.**

	2.5665	0235	**4629**	**0957**
7	25.784+2.6262	29.464+3.0630	15.466+2.1952	17.530+0.7653

Na segunda época, o teor de proteínas também foi elevado na variedade resistente no 3° dia, com as plantas de controlo ICPL 87119 a apresentarem 35,020 mg/gm de proteínas e as inoculadas 40,666 mg/gm. A variedade suscetível T 1515 apresentou a quantidade mais elevada apenas no 6° dia, com o controlo a apresentar 20,170 mg/gm de peso fresco e a inoculação a apresentar 25,782 mg/gm de teor proteico. O teor de proteínas nas variedades resistentes e susceptíveis seguiu um aumento quantitativo semelhante em ambas as estações. (Tabela 1b)

Tabela 1b: Alterações no teor de proteínas solúveis totais em cultivares de feijão bóer durante o mês de junho. Os valores representam a média± S.D. n=3

Proteína (mg/g)	junho			
Dias	**ICPLC**	**ICPL I**	**T 1515 C**	**T 1515 I**
1	32.370+0.5092	30.667+0.5773	34.190+0.5132	12.500+0.5000
2	35.460+0.6957	31.150+0.7002	36.370+0.6746	16.860+0.7689
3	**35.020+0.9096**	**40.660+0.8327**	26.730+0.6657	17.330+0.5773
4	32.220+0.7108	31.350+0.5593	20.900+0.4272	17.330+0.5773
5	28.150+	22.910+0.	27.150+1.	18.660+0.

	0.5178	8306	0302	4667
6	29.860+1.0066	28.660+0.7676	**20.170+0.4309**	**25.780+0.9741**
7	30.08+0.8051	32.280+0.5000	19.200+0.3464	18.500+0.5000

3.2 Clorofila total

Durante a primeira época, o teor de clorofila foi máximo na variedade resistente (ICPL 87119) no 3° dia, tanto no controlo (1,38 mg/g de tecido) como na inoculação (1,43 mg/g de tecido), enquanto a variedade suscetível (T 1515) teve um teor máximo de clorofila no 4° dia, tanto no controlo (0,91 mg/g de tecido) como na inoculação (0,75 mg/g de tecido), respetivamente.

(Quadro 2a)

Tabela 2 a: Alterações no teor de clorofila total em cultivares de feijão bóer durante o mês de fevereiro. Os valores representam a média± S.D. n=3

Clorofila (mg/g)	fevereiro			
Dias	ICPL C	ICPL I	T1515C	T 1515I
1	1.0706	1.0242	0.6444	0.6290
2	0.9659	0.9956	0.6809	0.5624
3	**1.3852**	**1.4335**	0.7599	0.6493
4	1.1141	0.8099	**0.9141**	**0.7527**
5	0.8260	0.7864	0.7487	0.5018
6	0.9183	0.8344	0.4100	0.7435
7	0.8165	1.1132	0.8157	0.7272

Na segunda estação, o teor de clorofila foi mais elevado no sexto dia. O teor de clorofila foi 2,5 vezes mais elevado na variedade resistente (ICPL), com o controlo a apresentar 2,56 mg/g de tecido e a inoculação a apresentar 3,52 mg/g de tecido. (Quadro 2b).

Tabela 2 b: Alterações no teor de clorofila total em cultivares de feijão bóer durante o mês de junho. Os valores representam a média± S.D. n=3

Clorofila (mg/g)	junho			
Dias	ICPLC	ICPLI	T1515C	T1515I
1	1.8280	1.7785	2.7309	2.463679
2	1.9593	2.5168	2.5849	2.465263
3	2.3858	2.5075	3.0688	2.843703
4	2.2624	2.3285	3.1226	2.949155
5	2.6987	3.1052	2.9625	2.866988
6	**2.5669**	**3.5212**	2.6343	2.951977
7	2.4944	3.2417	**3.0967**	**3.0459**

3.3 Fenóis totais

Na primeira época, o teor de fenol na variedade resistente foi mais elevado no terceiro dia. O conteúdo total de fenol da variedade resistente de controlo foi de 18,90 mg/100g e da inoculada 19,90 mg/100g. A variedade suscetível mostrou a concentração máxima no 2° dia com o controlo a mostrar 12,80 mg/100gm e a inoculada a mostrar 12,50 mg/100gm. A quantidade de fenóis totais diminuiu gradualmente nos dias seguintes em ambas as variedades, com a variedade suscetível a apresentar uma quantidade inferior à da variedade resistente em todos os dias. (Tabela 3a)

Tabela 3a: Alterações no conteúdo fenólico total em cultivares de feijão bóer durante o mês de fevereiro. Os valores representam a média± S.D. n=3

Fenólicos (mg/100g)	fevereiro			
Dias	ICPLC	ICPLI	T1515C	T1515I
1	15.00+0.8809	14.00+0.9564	15.50+0.4933	12.20+0.3933
2	16.23+0.5955	16.75+0.1566	**12.80+0.5330**	**12.50+0.2633**
3	**18.90+0.9243**	**19.90+0.2743**	11.20+0.1330	10.20+0.4167
4	15.30+0.5629	16.10+0.1673	11.20+0.4330	10.10+0.3233
5	13.40+0.8532	14.00+0.3615	11.00+0.9330	9.70+0.1567
6	10.40+0.1089	10.50+0.2587	10.80+0.3850	8.60+0.1300
7	12.10+0.7174	12.20+0.6282	10.90+0.5703	7.90+0.3200

Durante a segunda época, o teor mais elevado de fenóis totais foi observado na variedade resistente (ICPL) no 2º dia, com o controlo a apresentar 18,37 mg/100g e a inoculação a apresentar 25,17 mg/100g. Na variedade suscetível (T 1515), o controlo apresentou 12,13 mg/100g e o tratamento 14,17 mg/100g. O conteúdo de fenol também aumentou 1,25 vezes mais na segunda estação (Tabela 3b).

Tabela 3b: Alterações no teor de fenólicos totais em cultivares de feijão-frade durante o mês de junho. Os valores representam a média± S.D. n=3

Fenólicos (mg/100g)	junho			
Dias	ICPLC	ICPLI	T1515C	T1515I
1	23.90+0.8809	19.07+0.9564	14.93+0.4933	13.93+0.3930
2	**18.37+0.3955**	**25.17+0.5658**	12.53+0.2533	12.63+0.2630
3	25.20+0.4279	21.13+0.7427	**12.13+0.2133**	**14.17+0.4160**
4	15.43+0.5629	15.07+0.1673	10.43+0.4330	13.23+0.3230
5	11.70+0.8532	18.03+0.3615	9.23+0.9233	11.57+0.1560
6	15.97+0.1089	16.83+0.5866	13.85+0.3850	11.33+0.1300
7	14.87+0.7174	15.17+0.6282	14.30+0.5733	13.33+0.1310

3.4 Peroxidase

A atividade máxima da peroxidase foi observada no 4º dia, com as plantas de controlo da variedade resistente a apresentarem uma atividade de 1,91 unidades/gm e as inoculadas a apresentarem uma atividade de 2,29 unidades/gm. A variedade suscetível mostrou uma maior indução da enzima no 3º dia, mas a atividade enzimática foi de 1,57 unidades/gm no controlo e 2,11 unidades/gm no inoculado, o que é inferior à da variedade resistente (Quadro 4a)

Tabela 4a: Variação da atividade da peroxidase em cultivares de feijão bóer durante o mês de fevereiro. Os valores representam a média± S.D. n=3

Peroxidase (unidade/min/ g/ml)	fevereiro			
Dias	**Icpl c**	**Icpl i**	**T1515c**	**T1515i**
1	1.840+0.1321	1.670+0.0700	1.480+0.1312	1.560+0.1202
2	2.045+0.1150	2.620+0.1146	1.595+0.0635	1.616+0.1427
3	2.025+0.1237	2.300+0.1270	**1.570+0.1208**	**2.110+0.1616**
4	**1.910+0.2420**	**2.290+0.1263**	1.410+0.1039	1.880+0.1039
5	1.530+0.0500	1.865+0.1244	1.665+0.1329	1.220+0.1270
6	1.170+0.1273	1.305+0.1050	1.355+0.1202	1.160+0.1335
7	1.200+0.1274	1.555+0.0950	1.650+0.1203	1.340+01.3695

Durante a segunda estação, a atividade enzimática aumentou 1,7 vezes mais do que na primeira estação. Na segunda estação, a atividade da peroxidase foi máxima para a variedade resistente no 5º dia, com as plantas de controlo a mostrarem 3,17 unidades/gm de atividade e as inoculadas a mostrarem 4,04 unidades/gm de atividade. Verificou-se que a variedade suscetível induziu uma maior atividade no próprio 2º dia, com o controlo a apresentar 2,56 unidades/gm e a inoculada a apresentar 2,11 unidades/gm de atividade (Quadro 4b).

Tabela 4b: Alteração da atividade da peroxidase em cultivares de feijão bóer durante o mês de junho. Os valores representam a média± S.D. n=3

Peroxidase (unidade/ m in/ g/ml)	junho			
Dias	ICPL C	ICPL I	T1515C	T1515I
1	2.454+0. 2786	2.110+0. 2712	**2.569+0. 3678**	**2.110+0. 2708**
2	2.576+0. 2752	2.335+0. 2767	1.843+0. 2708	1.335+0. 2793
3	2.961+0. 2737	2.988+0. 2034	1.874+0. 4012	1.988+0. 3380
/1 4	3.390+0. 2774	3.737+0. 2715	2.107+0. 2174	1.591+0. 1823
5	**3.175+0. 2724**	**4.041+0. 2794**	1.463+0. 1581	1.461+0. 3858
6	3.405+0. 2730	3.013+0. 2796	1.164+0. 3712	1.415+0. 1052
7	3.586+0.	2.636+0.	1.548+0.	1.822+0.

	2729	2744	3048	2845

3.5 Atividade da fenilalanina amoníaco liase

A atividade da fenil alanina liase foi induzida ao máximo na variedade resistente no 1º dia, com o controlo a apresentar uma atividade mais elevada (10,07 unidades/hr/gm) do que as plantas inoculadas (8,16 unidades/hr/gm). A variedade suscetível teve uma maior indução no 2º dia, com o controlo a apresentar uma atividade de 5,32 unidades/hr/gm e a inoculada a apresentar uma atividade de 5,95 unidades/hr/gm (Quadro 5a).

Tabela 5a: Alteração da atividade da fenilalanina amónia-liase em cultivares de feijão-frade durante o mês de fevereiro. Os valores representam a média± S.D. n=3

PAL (unidade/h/g)	fevereiro			
Dias	Icplc	Icpli	T1515c	T1515i
1	**10.075+0.0913**	**8.160+0.1377**	7.375+0.1708	4.908+0.3416
2	7.966+0.9336	6.358+0.8156	**5.3292+0.3083**	**5.958+0.6893**
3	4.458+0.8036	4.950+0.6384	4.230+0.3319	5.417+0.2473
4	5.025+0.6713	4.775+0.8846	4.475+0.1949	5.108+0.3932
5	4.858+0.6028	3.600+0.1520	3.883+0.1708	3.908+0.1348

	3.550+0.0750	3.930+0.6568	4.460+0.2787	2.692+0.2078
6				
7	4.025+0.1146	3.966+0.9187	3.375+0.2855	3.208+0.3717

Na segunda estação, na variedade resistente, a atividade da PAL foi máxima no dia 4th com o controlo a mostrar uma atividade inferior (8,97 unidades/hr/gm) à da inoculada (11,95 unidades/hr/gm). A atividade da PAL aumentou 1,4 vezes mais na segunda estação. A variedade suscetível teve uma indução máxima no segundo dia, com o controlo a apresentar uma atividade de (5,76 unidades/hr/gm) e a inoculada a apresentar uma atividade de (6,93 unidades/hr/gm) (Quadro 5b).

Tabela 5b: Alteração da atividade da fenilalanina amónia liase em cultivares de feijão bóer durante o mês de junho. Os valores representam a média± S.D. n=3

PAL (unidade/h/g)	junho			
Dias	ICPLC	ICPLI	T1515C	T1515I
1	6.030+0.6908	6.650+1.5829	3.650+0.3873	4.360+0.3566
2	8.566+1.0812	7.033+0.1480	**5.760+0.4860**	**6.930+0.3319**
3	4.846+0.2370	6.250+0.1775	4.150+0.1910	4.908+0.7318
4	**8.975+0.3130**	**11.950+1.0391**	4.475+0.7717	3.416+0.5772
5	6.933+0.	6.150+0.	4.475+0.	3.416+0

	6455	4904	7717	.5772
6	8.117+0. 9120	8.575+0. 5064	4.091+0. 6761	5.150+1 .5885
7	7.192+0. 3636	6.730+0. 8989	5.283+0. 3849	4.618+0 .8171

3.6 Atividade da β-1, 3 glucanase

A β-1,3 glucanase foi induzida ao máximo no 3° dia, com o controlo a apresentar uma atividade superior (4,45 unidades/min/gm) e a inoculação a apresentar uma atividade ligeiramente inferior (4,24 unidades/min/gm). A variedade suscetível teve uma maior indução no 2° dia, com o controlo a apresentar uma atividade de (3,19 unidades/min/gm) e a inoculada a apresentar uma atividade de (2,96 unidades/min/gm) (Quadro 6a)

Tabela 6a: Variação da atividade da β-1, 3glucanase em cultivares de ervilha-de-angola durante o mês de fevereiro.

Os valores representam a média± S.D. n=3

β 1,3 glucanse (μmol/min/ml)				
	junho			
Dias	**ICPLC**	**ICPLI**	**T1515C**	**T1515I**
1	4.075+0 .2367	4.145+0. 0289	**3.197+0.** **2475**	**2.967+0.** **3429**
2	4.048+0 .1478	4.205+0. 0612	3.134+0. 3535	2.900+0. 2121
3	**4.450+0** **.2223**	**4.245+0.** **2252**	3.172+0. 6717	2.840+2. 2121

4	4.397+0	4.231+0.	3.954+0.	2.830+0.
	.9572	1287	0954	1167
5	4.360+0	4.222+0.	3.727+0.	2.812+0.
	.0808	0260	0275	2086
6	4.247+0	4.152+0.	3.702+0.	2.862+0.
	.1186	0895	9546	1167
7	4.085+0	3.940+0.	3.857+0.	2.790+0.
	.4619	0289	0742	1000

Na segunda época, a variedade resistente tinha uma atividade de 1,34 unidades/min/gm no controlo e 1,66 unidades/min/gm no inoculado, enquanto a variedade suscetível tinha uma atividade de 0,36 unidades/min/gm no controlo e 0,24 unidades/min/gm no inoculado. A atividade da β-1,3 glucanase aumentou 2,5 vezes mais na segunda época (Quadro 6b).

Tabela 6 b: Alteração da atividade da β-1,3 glucanase em cultivares de feijão bóer durante o mês de junho. Os valores representam a média ± S.D. n=3

β 1,3 Glucanse (μmol/min/ml)	junho			
Dias	ICPLC	ICPLI	T1515C	T1515I
1 1	1.328+0. 0424	1.427+0. 0106	**0.362+0. 0354**	**0.245+0. 3535**
o 2	1.387+0. 0106	1.217+0. 0247	0.325+0. 0353	0.217+0. 0177
3	1.370+0. 0353	1.230+0. 0212	0.290+0. 3535	0.170+0. 0330

4	1.340+0. 1061	1.663+0. 0212	0.350+0. 0222	0.160+0. 0212
5	1.330+0. 0919	1.385+0. 0707	0.292+0. 0356	0.150+0. 0334
Λ 6	1.295+0. 0100	1.555+0. 0283	0.265+0. 0420	0.112+0. 0428
7	1.295+0. 0141	1.584+0. 0166	0.280+0. 0413	0.197+0. 0243

3.7 Atividade da catalase

A atividade da catalase foi máxima no 5º dia, com as plantas de controlo da variedade resistente a apresentarem uma atividade de 0,15 unidades/min/gm e as inoculadas a apresentarem uma atividade de 0,20 unidades/min/gm. A variedade suscetível teve uma indução máxima no 6º dia, com o controlo a mostrar uma atividade inferior (0,13 unidades/min/gm) em comparação com as plantas inoculadas (0,15 unidades/min/gm) (Quadro 7a).

Tabela 7a: Variação da atividade da catalase em cultivares de feijão bóer durante o mês de fevereiro. Os valores representam a média± S.D. n=3

Catalase (unidade/min /g)	fevereiro			
Dias	Icplc	Icpli	T 1515c	T1515i
1	0.141+ 0.0043	0.149+0.0 063	0.157+0.0 057	0.131+0.0 047
2	0.144+ 0.0045	0.159+0.0 063	0.155+0.0 047	0.130+0.0 048

3	0.170+0.0047	0.174+0.0072	0.150+0.0060	0.125+0.0054
4	0.149+0.0058	0.199+0.0053	0.167+0.0042	0.124+0.0038
5	**0.150+0.0053**	**0.200+0.0073**	0.183+0.0036	0.124+0.0058
6	0.196+0.0063	0.184+0.0053	**0.139+0.0057**	**0.156+0.0030**
7	0.161+0.0047	0.127+0.0063	0.124+0.0050	0.128+0.0058

Na segunda época, a atividade da catalase foi máxima no 5° dia, tendo o controlo resistente (0,08 unidades/min/gm) e o inoculado mostrado (0,08 unidades/min/gm) uma atividade quase semelhante. A variedade suscetível apresentou uma atividade de catalase ligeiramente superior (0,07 unidades/min/gm) nas plantas de controlo em comparação com a atividade nas plantas inoculadas (0,06 unidades/min/gm). Na segunda época, a atividade enzimática diminuiu 2,5 vezes mais do que na primeira época (quadro 7b).

Tabela 7b: Alteração da atividade da catalase em cultivares de feijão bóer durante o mês de junho. Os valores representam a média± S.D. n=3

Catalase (unidade/ mi n /g)	junho			
Dias	Icplc	Icpli	T1515c	T1515i
1	0.042+0.0023	0.062+0.0032	0.076+0.0037	0.070+0.0027
2	0.054+0	0.065+0.0	**0.079+0.**	**0.067+0.**

	.0025	043	**0027**	**0028**
3	0.081+0.0027	0.078+0.0052	0.070+0.0040	0.065+0.0034
4	0.087+0.0037	0.080+0.0032	0.075+0.0022	0.059+0.0018
5	**0.089+0.0032**	**0.088+0.0052**	0.063+0.0016	0.051+0.0038
6	0.090+0.0043	0.0813+0.0033	0.064+0.0037	0.049+0.0010
7	0.068+0.0022	0.080+0.0043	0.064+0.0030	0.050+0.0028

3.8 Atividade da pectina metil esterase

A atividade da PME foi induzida no 5º dia, com o controlo a apresentar uma atividade de 0,15 unidades/min/g e a inoculação a apresentar uma atividade de 0,20 unidades/min/g. Na variedade suscetível, a PME foi induzida no segundo dia, com o controlo a mostrar 0,12 unidades/min/g e a inoculação a mostrar 0,13 unidades/min/g de atividade (Quadro 8a).

Tabela 8a: Alteração da atividade da pectina metil esterase em cultivares de feijão bóer durante o mês de fevereiro. Os valores representam a média± S.D. n=3

PME (unidade/min/g)	fevereiro			
Dias	Icplc	Icpli	T1515c	T1515l
1	0.140+0.	0.125+0.	0.150+0.	0.130+0

1	0070	0077	0071	.0070
2	0.136+0.0089	0.139+0.0090	**0.120+0.0087**	**0.135+0.0096**
3	0.165+0.0012	0.197+0.0091	0.129+0.0086	0.135+0.0051
/1 4	0.194+0.0091	0.198+0.0057	0.140+0.0063	0.130+0.0077
5	**0.150+0.0071**	**0.201+0.0093**	0.116+0.0063	0.127+0.0017
6	0.123+0.0086	0.145+0.0096	0.116+0.0063	0.127+0.0017
7	0.135+0.0080	0.125+0.007	0.105+0.0055	0.115+0.0070

Na segunda estação, a atividade da PME foi mais elevada, com o controlo a apresentar uma atividade de (0,08 unidades/min/g) e a inoculação a apresentar uma atividade de (0,09 unidades/min/g) na variedade resistente. Na variedade suscetível, a variedade resistente apresentou uma atividade enzimática elevada no primeiro dia, com o controlo a apresentar uma atividade de (0,08 unidades/min/g) e a inoculação a apresentar uma atividade de (0,05 unidades/min/g). A atividade da PME também diminuiu duas vezes na segunda estação (Quadro 8b).

Tabela 8b: Variação da atividade da pectina metil esterase em cultivares de feijão bóer durante o mês de fevereiro. Os valores representam a média± S.D. n=3

PME (unidade/min/g) junho				
Dias	ICPLC	ICPLI	T1515C	T1515I

1	0.112+0.0091	0.128+0.0013	**0.081+0.0017**	**0.054+0.0034**
2	**0.085+0.0093**	**0.099+0.0080**	0.067+0.0030	0.044+0.0068
3	0.070+0.0080	0.082+0.0063	0.062+0.0033	0.042+0.0024
4	0.050+0.0067	0.069+0.0088	0.049+0.0019	0.041+0.0040
5	0.046+0.0060	0.061+0.0015	0.039+0.0017	0.038+0.0013
Λ 6	0.049+0.0075	0.053+0.0065	0.018+0.0027	0.030+0.0020
7	0.049+0.0011	0.049+0.0091	0.019+0.0028	0.024+0.0371

4. Discussão

Ao longo dos sete dias de estudo, os conteúdos de proteínas, clorofila e fenólicos, tanto nas plantas de controlo como nas inoculadas, mostraram um aumento na variedade resistente. Não se registaram grandes alterações no teor de proteínas em ambas as estações. O conteúdo de clorofila aumentou 2,5 vezes e o conteúdo fenólico também aumentou 1,25 vezes na segunda estação.

Verificou-se que a enzima peroxidase aumentou 1,7 vezes, a PAL 1,4 vezes, a β-1,3 glucanase 2,5 vezes na segunda estação, enquanto a atividade da catalase diminuiu 2,5 vezes e a atividade da PME diminuiu 2 vezes. A alteração do teor de proteínas na variedade resistente pode dever-se à alteração da atividade metabólica devido à interação planta-agente patogénico. O teor de proteínas mostrou uma diminuição na variedade suscetível em comparação com a variedade resistente. As alterações nas proteínas ocorrem quando o agente patogénico penetra nas células do hospedeiro, resultando em perturbações nas proteínas e nos metabolismos relacionados. A diminuição significativa do teor de proteínas em resultado da infeção por um agente patogénico pode dever-se a algumas actividades relacionadas com uma resposta hipersensível **(Chandra e Bhatt, 1998)**. Quando um agente patogénico foliar estabelece uma infeção nos tecidos do hospedeiro, o teor de clorofila é geralmente reduzido; isto é acompanhado pelo amarelecimento das folhas infectadas **(Farkas e Kiraaly, 1962)**. Os pigmentos de clorofila nas folhas de sorgo diminuíram significativamente devido à infeção por *Drechslera sorghicola* e continuaram com o progresso da doença. Sabe-se que vários agentes patogénicos das plantas produzem metabolitos tóxicos, que podem destruir o cloroplasto, resultando na diminuição dos pigmentos de clorofila **(Fulton *et al*, 1965)**. O papel dos compostos fenólicos na interação hospedeiro-patógeno está bem estabelecido e sabe-se que os fenólicos constitutivos conferem resistência indiretamente através da ativação de respostas pós-infeção no hospedeiro **(Sharma *et al.*, 2002)**. Vários estudos demonstraram que alguns fenólicos são inibidores associados à resistência não hospedeira, enquanto outros são formados ou aumentados em resposta à infeção pelo agente patogénico e são considerados uma parte importante da resposta de defesa do hospedeiro ao agente patogénico **(Nicholson e Hammerschmidt, 1992)**. A presente investigação revelou um aumento acentuado do teor de fenóis totais nos tecidos infectados do que nos tecidos saudáveis. Isto sugere claramente um aumento da síntese de fenóis não só com o envelhecimento das plantas mas também com a sua estimulação adicional como resultado da infeção. O aumento do teor de fenóis totais em plantas infectadas também foi observado por vários trabalhadores em várias interações hospedeiro-agente patogénico **(Padmanabhan *et al.*, 1988)**. O aumento da síntese dos compostos fenólicos existentes, a síntese de novos compostos e o aumento da atividade da fenolase são sintomas típicos dos tecidos vegetais doentes. As alterações no metabolismo fenólico devido à infeção por uma vasta gama de agentes patogénicos fúngicos foram reconhecidas há muito tempo e foram abordadas numa série de revisões **(Gupta *et al.*, 1987)**. O aumento dos fenólicos totais observado no presente estudo foi relatado por outros utilizando diferentes interações planta-patógeno **(Chattopadhyay e Bera, 1980)**. A acumulação de compostos fenólicos nos tecidos infectados do hospedeiro pode estar relacionada com a sua libertação de ésteres glicosídicos pela atividade enzimática do hospedeiro ou do agente patogénico **(Noveroske *et al.*, 1964)**, com o aumento da síntese pelo hospedeiro através da via do ácido chiquímico **(Neish, 1964)** ou com a migração de fenóis de tecidos não infectados **(Farkas e Kiraly. 1962)**. As ROS são altamente reactivas e, na ausência de qualquer mecanismo de proteção, podem perturbar o metabolismo normal através de danos oxidativos nos lípidos, proteínas e ácidos nucleicos **(Allen, 1995)**. As enzimas antioxidantes, como a catalase (CAT) e a peroxidase (POX), são os componentes mais importantes do sistema de eliminação dos ERO. As peroxidases são uma família de isozimas presentes em todas as plantas; são glicoproteínas monoméricas contendo heme que utilizam $H2O2$ ou $o2$ para oxidar uma grande variedade de moléculas **(Yoshida *et al.*, 2002)**. Assim, as peroxidases são conhecidas por serem uma das partes importantes da defesa enzimática das células vegetais em condições de stress **(Gaspar *et al.*, 1982)**. As peroxidases regulam a síntese de proteínas e as enzimas do ciclo dos fenil propanóides nas plantas hospedeiras. Vários trabalhadores registaram alterações semelhantes nos níveis de enzimas oxidativas devido à infeção por fungos **(Brune e Lelyveld, 1982)**. A alteração do nível de enzimas oxidativas no sorgo infetado com *Drechslera sorghicola* pode dever-se à lesão dos tecidos do hospedeiro por hifas fúngicas que conduzem à oxidação de compostos fenólicos, mas a quantidade de produtos de oxidação é insuficiente para impedir a invasão do micélio nos tecidos foliares. Um dos eventos bioquímicos comuns após a infeção das plantas por um agente patogénico é a ativação de genes relacionados com a patogénese (PR) **(Christensen, 2002)**. Atualmente, as proteínas PR estão agrupadas em 17 famílias (9) e, entre estas proteínas purificadas, encontram-se as enzimas peroxidases e β-1,3 glucanases.   As proteínas PR são proteínas codificadas pelo hospedeiro e induzidas por diferentes tipos de agentes patogénicos e stresses abióticos **(Van Loon, 1997)** referiu que a indução de resistência sistémica por *P.fluorescens* estava correlacionada com a acumulação de β-1,3-glucanase e quitinase. Na ervilha, o tratamento de sementes com um isolado de *Pseudomonas fluorescens* induziu a acumulação de enzimas hidrolíticas, tais como quitinases e β-1,3-glucanase, no local de penetração das hifas fúngicas de *F. oxysporum* f. sp. *pisi*. Estas enzimas actuam sobre a parede celular do fungo, resultando na degradação e perda do conteúdo interno das células **(Benhamou *et al.*, 1996)**. A degradação enzimática da parede celular dos fungos pode libertar elicitores não específicos **(Ren e West, 1992)**, que por sua vez desencadeiam várias reacções de defesa. A PAL é uma enzima chave na produção de fenólicos e fitoalexinas no pepino **(Daayf *et al.*, 1997)**.

A esterificação metílica da pectina pode estar correlacionada com uma menor acessibilidade às enzimas de degradação da pectina e, por conseguinte, com uma maior resistência aos agentes patogénicos **(Boudart *et al.*, 1998)**. Alguns PRs que são sintetizados *de novo* após a indução de SAR têm atividade antifúngica **(Van Loon, 1997)**. Em alternativa, a planta pode ficar sensibilizada para ativar mecanismos de defesa apropriados mais rapidamente e com maior intensidade após a infeção com um agente patogénico difícil. Estes mecanismos também funcionam com menor frequência e intensidade ou numa fase posterior do ataque do agente patogénico **(Hammerschimdt, 1999)**. A velocidade e a intensidade da produção destas enzimas podem determinar a resistência ou não das plantas aos agentes patogénicos. O presente estudo está de acordo com estas observações. Enzimas como a peroxidase, a catalase e a fenil alanina amónia-liase foram induzidas mais rapidamente e em maior quantidade na variedade resistente, em comparação com a variedade suscetível.

Estudo molecular da murchidão fúngica

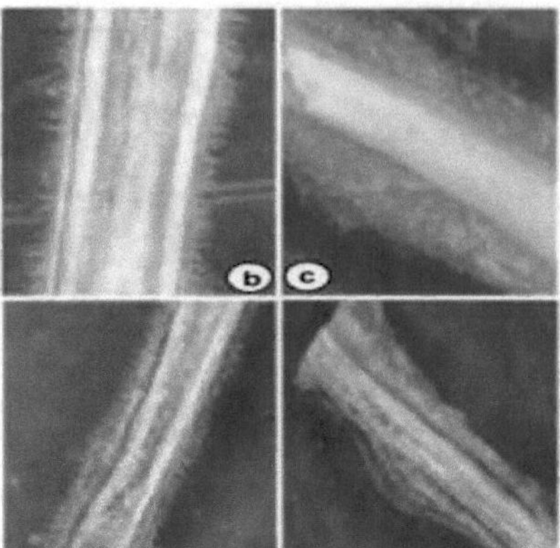

1. Introdução ao estudo molecular

Com o desenvolvimento de tecnologias avançadas como a Reação em Cadeia da Polimerase (PCR) e a sequenciação automática de ADN em biologia molecular, os dados relativos aos ácidos nucleicos estão a tornar-se muito importantes em biologia. **(Hasan *et al.*, 2009).**

O reconhecimento de efectores específicos dos agentes patogénicos (produtos proteicos) pelos genes específicos do hospedeiro, denominados genes R, induz uma cascata de sinais de defesa das plantas. A resistência é a interação conflituosa entre o hospedeiro e o agente patogénico. O conflito/oposição depende do gene de resistência do hospedeiro e de um gene de avirulência do agente patogénico. O estabelecimento da doença deve-se a uma reação de defesa inadequada do hospedeiro ao agente patogénico invasor, com base no tempo e na intensidade. **(Casado-diaz *et al.*, 2006)** Numerosos genes de resistência de plantas individuais (R) já foram caracterizados e estão a ser utilizados eficazmente em programas de investigação de melhoramento de culturas. Os genes de resistência das plantas estão a ser utilizados para aumentar as variedades resistentes às doenças e são um substituto adequado para outras medidas como os pesticidas ou outros métodos de controlo químico utilizados para defender as culturas das doenças.

Os marcadores moleculares são variantes da sequência de ADN que podem ser facilmente detectadas e cuja hereditariedade pode ser monitorizada (**Newbury e Ford-Lloyd, 1999**). A maior parte dos marcadores de ADN são menos influenciados pelos factores ambientais e são também hereditários. Os marcadores constituem um instrumento ideal para a compreensão e o estudo quantitativo da diversidade genética, bem como para a identificação de caraterísticas específicas nas plantas cultivadas. A tecnologia dos marcadores moleculares pode facilitar a dedução precisa do número, da posição cromossómica e dos efeitos individuais e interactivos dos genes que controlam os caracteres (**Peleman e Van der Voort., 2003**). Atualmente, vários sistemas de marcadores de ADN são utilizados habitualmente em estudos de plantas. Polimorfismo de comprimento de fragmentos de restrição (RFLP) (**Soller e Beckmann, 1983**), ADN polimórfico amplificado aleatório (RAPD) (**Williams *et al.*, 1990**), polimorfismo de comprimento de fragmentos amplificados (AFLP) (**Vos *et al*, 1995**), Inter Simple Sequence Repeats (ISSRs) (**Zietkiewicz *et al.*, 1994**) e microssatélites ou Simple Sequence Repeats (SSRs) (**Becker e Heun, 1994**) são os sistemas de marcadores mais utilizados.

Os marcadores de ADN polimórfico amplificado aleatoriamente (RAPD) têm várias aplicações na investigação em genética molecular de plantas. Têm o inconveniente de serem pouco fiáveis e de não estarem geralmente associados a regiões genéticas. O RAPD é um marcador multi-lócus (**karp, 1997**) e é a tecnologia de deteção mais simples e rápida. É utilizado com êxito para a verificação da diversidade genética intra-espécies em várias leguminosas para grão. (**Malviya *et al.*, 2010**)

Os marcadores RAPD são úteis na avaliação da diversidade genética. A seleção assistida por marcadores oferece uma grande oportunidade e eficácia na seleção de genótipos de plantas importantes (**Young, 2002**). Entre os marcadores baseados na PCR, os marcadores RAPD são mais úteis por serem económicos, obterem resultados imediatos e não necessitarem de marcação radioactiva (**Mohammadi e Prasanna, 2003**). Também é utilizado no estudo genético de populações de plantas (**Rana e Bhat, 2002**), filogenia, marcação de genes, mapeamento de genes, avaliação de variações genéticas e identificação de híbridos (**Sundaram *et al.*, 2011**). A identificação de variedades resistentes a doenças é um dos métodos de baixo custo para combater as doenças.

Genes resistentes:

A resistência das plantas aos agentes patogénicos fúngicos e bacterianos envolve uma interação entre um gene da planta resistente e o gene avirulento do agente patogénico. Esta interação desencadeia respostas moleculares que contribuem para o confinamento do agente patogénico pela espécie de planta resistente. A especificidade desta interação depende frequentemente do produto de um gene de resistência da planta (R) e de um gene de avirulência do agente patogénico **(Flor, 1971)**. Os genes de resistência das plantas às doenças (genes R) são componentes muito importantes do mecanismo de defesa das plantas e funcionam como sentinelas celulares **(Dangl e Jones, 2001)**. Os produtos do gene R reconhecem direta ou indiretamente a presença de um agente patogénico e alertam a planta para desencadear respostas de defesa **(Fluhr, 2001)**. A caraterização do gene R é de grande importância para a compreensão do início da cascata de eventos que leva a respostas de defesa em culturas importantes.

Estrutura do gene resistente:

A maior parte dos genes clonados de resistência às doenças das plantas codificam um suposto domínio do sítio de ligação aos nucleótidos (NBS) e um domínio de repetição rico em leucina (LRR). A família de genes NBS (nucleotide-binding site) Leucine rich repeat (LRR) é uma classe de genes R nas plantas. Os genes NBS desempenham um papel muito importante na defesa contra doenças. **(Zhenjiang *et al.*, 2014)**

As plantas codificam receptores imunitários intracelulares chamados NBS-LRRs para proteção. Os NBS-LRRs reconhecem proteínas efectoras específicas codificadas por agentes patogénicos. **(Padmanabhan *et al.*, 2009)**. Em geral, o NBS é um domínio proteico comum essencial para a atividade catalítica de várias proteínas procarióticas e eucarióticas. Nomeadamente, o NBS é essencial para a ligação ATP ou GTP que modifica a interação entre os produtos do gene R e outros membros da transdução de sinais de defesa **(Bent, 1996)**. As proteínas NB-LRR de plantas (também designadas NLR, NBS-LRR ou NB-NRC-LRR) são tipicamente classificadas na classe TIR ou não TIR, com base na identidade das sequências que precedem o domínio NB, bem como nos motivos dentro deste domínio. **(Giuseppe *et al.*, 2014)**

A sequência primária do domínio NBS é definida. Assim, as sequências de proteínas podem ser atribuídas a subgrupos separados com base em motivos conservados encontrados no domínio **(Traut, 1994)**. O motivo conservado mais comum é o laço de ligação ao fosfato ou "laço P" (GxGGxGKTT), que foi encontrado tanto em proteínas de ligação ao ATP como ao GTP **(Saraste *et al.*, 1990)**. Além disso, o domínio NBS contém sítios conservados adicionais, como a quinase-2 (xxLDDVW/D), a quinase-3a (GxxxxxTTR) e a GLPLAL, que presumivelmente participam na ativação da via de resistência **(Meyers *et al.*,1999)**.

O domínio LRR é uma repetição em série de aproximadamente 24 aminoácidos com leucina e outros resíduos hidrofóbicos em intervalos regulares. A função deste domínio é a mediação de interações proteína-proteína **(Kobe e Kajava, 2001)** e sabe-se que está envolvido em interações com ligandos no inibidor da ribonuclease porcina (PRI) **(Kobe e Deisenhofer, 1994)**. No PRI, os resíduos correspondentes aos resíduos hipervariáveis nos produtos do gene R fazem parte de uma estrutura de LRR de cadeia β/volta β com uma sequência de consenso xxLxLxx. Os resíduos conservados de leucina (L) projectam-se no núcleo hidrofóbico, enquanto os outros resíduos (x) formam uma superfície exposta ao solvente que está envolvida na ligação ao ligando **(Kobe e Deisenhofer, 1995)**. Nos genes R, as posições conservadas na sequência de consenso contêm uma variedade de resíduos alifáticos. É pouco provável que os genes R tenham uma estrutura tão ordenada como os PRI, porque os aminoácidos da espinha dorsal são mais variáveis e há menos provas de que formem α-hélices regulares **(Hammond-Kossack e Jones, 1997)**. Uma estrutura para regiões LRR com matrizes de potenciais superfícies de ligação de ligandos tem vários resultados para a função do gene R. Os resultados mais importantes são o número extremamente elevado de especificidades de ligação que poderiam ser codificadas por grupos de genes com tais matrizes e a facilidade com que novas especificidades de ligação poderiam ser geradas por recombinação e conversão de genes. Para além de diferentes amálgamas de LRRs proporcionarem diferentes caraterísticas de ligação, a variação de aminoácidos na espinha dorsal entre as regiões hipervariáveis pode alterar as orientações relativas das cadeias β, proporcionando outro nível de variação para a especificidade de ligação. Análises comparativas de genes R de diferentes espécies revelaram que as posições expostas a solventes nos LRRs são hipervariáveis e sujeitas a seleção positiva. Podem variar de 14 a 40 aminoácidos (**Mondragon-Palomino** *et al.*, **2002**), o que reflecte o papel das regiões LRR no reconhecimento de ligandos de agentes patogénicos em rápida evolução (**Dodds** *et al.*, **2001**). As proteínas NBS-LRR podem ainda ser subdivididas em proteínas TIR e não TIR, com base na presença ou ausência da região amino-terminal de homologia do recetor Toll/Interleucina-1 (TIR) (**Rock** *et al.*, **1998**). O segundo subgrupo de genes NBS-LRR não contém o domínio TIR, tendo sido recentemente referido que possuem uma bobina enrolada ou um domínio de fecho de leucina (**Pan** *et al.*, **2000**). Curiosamente, as proteínas TIR estão amplamente distribuídas nas espécies dicotiledóneas, mas não foram detectadas nos cereais (**Goff** *et al.*, **2002**). Em contrapartida, as proteínas não TIR estão presentes em todas as angiospérmicas (**Jeong** *et al.*, **2001**).

O objetivo do presente estudo foi identificar um marcador molecular capaz de distinguir a cultivar resistente de ervilha-de-angola da cultivar suscetível através de

1. Estudo do perfil proteico

2. Análise RAPD

3. Isolamento e identificação do gene R

2. Materiais e métodos

1. Extração e estimativa de proteínas:

Um g de tecido foliar foi extraído com um tampão gelado contendo 50 mM Tris Hcl (pH 7,5), 150 mM NaCl, 10 mM MgCl2, 10% de glicerol e 1,0 mM PMSF num almofariz e pilão refrigerados. O extrato foi centrifugado a 1500 rpm durante 30 minutos a 4°C e depois submetido a tratamento com SDS. A concentração de proteínas foi medida utilizando os procedimentos colorimétricos de (**Lowry** *et al* **1951**) utilizando albumina de soro bovino como padrão.

2. Separação de proteínas por página SDS:

A preparação dos reagentes e do gel (para a página SDS) foi efectuada de acordo com o método de **(Laemmli *et al.,* 1970)**. A eletroforese foi efectuada numa unidade SDS-PAGE (Bangalore Genei (Índia) e eletroforese a 27 mA.

Preparação do reagente de reserva:

A.   Acrilamida/ Bis-acrilamida

a)   Acrilamida/ Bis acrilamida146   ,0 gm

b)   N,N- Metileno-bisacrilamida 4,0 g de água MilliQ para 500 ml. Filtrar e armazenar a 4°c no escuro.

B.   1,5 M TrisHcl, pH 8,8

a)   Base Tris54   ,45 gm

b)   Água MilliQ150   ,00 ml

Ajustar o pH a 8,8 com água destilada. Destilar água até 300 ml. Armazenar a 4°C

C.   0,5 M TrisHcl, pH 6,8

a)   Base Tris 6,0 gm

b)   Água MilliQ 60,00 ml

Ajustar o pH a 6,8 com Hcl. Água MilliQ para

100 ml. Armazenar a 4° C

D.   10% (p/v) SDS

Dissolver 10 g de SDS em 60 ml de água MilliQ com agitação suave. Água MilliQ a 100 ml

E.   Persulfato de amónio a 10% (m/v)

Dissolver 100 mg de persulfato de amónio em 1 ml de água MilliQ.

F.   Tampão de amostra

(Tampão de redução de SDS: 62,5 mMTris-Hcl, pH 6,8, 20% glicerol, 2% SDS, 5%β
mercaptoetanol)

Água MilliQ	3,0 ml
0,5 M Tris-Hcl, pH 6,8	1.0
Glicerol	1.6
10% SDS	1.6
B-mercaptotanol	0.4
0,5% (p/v) de azul de bromofenol (MilliQ)	0,4 ml
Total	8,0 ml

Diluir a amostra pelo menos 1: 4 com a amostra

tampão. Aquecer a 95°C durante 4 min

G.   5x elétrodo (tampão de corrida) (1x=25 mMTris,

192 mM Glicina, 0,1 % SDS, pH 8,3)

Murchidão fúngica em ervilha-de-angola

Base Tris	45.0
Glicina	216.0
SDS	15.0

O stock foi diluído para 1X imediatamente antes da utilização.

Preparação do gel

Pegou-se em duas placas. Foram mantidos espaçadores entre os bordos das duas placas,
que foram unidas com a ajuda de pinças. Para a preparação do gel, o conteúdo do gel
de separação foi misturado num copo e vertido entre duas placas de vidro. O gel foi
deixado a polimerizar sob uma camada de água. Após a polimerização do gel, a camada
de água foi removida e o pente foi ajustado de forma a ficar por cima do gel. Uma vez

polimerizado, o pente foi removido para obter poços finos e as amostras foram colocadas nos poços. Um poço foi carregado com um marcador molecular de proteína média. A eletroforese foi efectuada com tampão de corrida 1X diluído até o corante de rastreio atingir o fim do gel. O gel foi retirado e lavado com água destilada. O gel foi corado com Coomassie Brilliant Blue (CBB G-250) durante 7-8 horas, seguido de descoloração em ácido acético a 7%. O gel foi fotografado num sistema de documentação de gel (Alpha Innotech, EUA)

H.	Componentes de um gel de SDS-PAGE a 12 %

Componente	Separação da mistura de gel	Mistura de gel de empilhamento.
Concentração do monómero	12%	5%
Acrilamida	4 ml	0.8
Água MilliQ	3,348 ml	2,8 ml
1,5 M TrisHcl (pH 8,8)	2,5 ml	-
0,5 M TrisHcl (pH 6,8)	-	1,25 ml
10%(w/v) SDS	100 µl	50 µl
10% Persulfato de amónio	50 µl	50 µl
TEMED	10 µl	10 µl

I.	Solução de descoloração

7% de ácido acético em DW

Isolamento de ADN

O ADN genómico foi isolado a partir de tecido foliar congelado de ambas as cultivares

ICPL 87119 e T 1515 (200 mg cada) seguindo o procedimento descrito por (**Joshi** *et al*, **2010**). Um gm de tecido foliar foi transferido para um almofariz e pilão pré-refrigerados e homogeneizado com 5 ml de tampão de extração compreendendo 250 mMNacl; 25mm EDTA (pH 8), 0,5% SDS, 200mM Tris-HCl, PVP 0,1gm/gm de tecido foliar adicionado durante a trituração e 50µl β-mercaptoetanol. O homogenato foi incubado a 65°C durante 1 hora e centrifugado a 10000 rpm durante 10 min a 4°C. O sobrenadante foi recolhido em tubos novos e a ele foram adicionados volumes iguais de clorofórmio:álcool isoamílico (24:1). Os tubos foram misturados suavemente durante 30 minutos para garantir a extração máxima dos pigmentos na camada de clorofórmio e a eliminação de outras cores na amostra de ADN. Os tubos foram centrifugados a 10000 rpm durante 20 minutos a 4°C. O sobrenadante foi cuidadosamente decantado e transferido para novos tubos, aos quais foram adicionados 6µl/ml de RNase (2 mg/ml de stock). Os tubos foram mantidos a 37°C durante 1 hora. O sobrenadante foi misturado com fenol: clorofórmio: álcool isoamílico (25:24:1) e centrifugado a 10000 rpm durante 10 min a 4°C. A camada aquosa foi transferida para um novo tubo e reextraída com volumes iguais de clorofórmio e álcool isoamílico (24:1) por centrifugação a 10000 rpm durante 10 minutos a 4°C. A camada aquosa foi recolhida e foi-lhe adicionada uma quantidade igual de etanol refrigerado e mantida a 20°C para extração do ADN durante a noite. A qualidade e a quantidade de ADN foram verificadas por eletroforese em gel de agarose. A concentração final de ADN de cada amostra foi ajustada para 50-100 ng/µl.

Medição da pureza e qualidade do ADN: O rendimento do ADN foi medido utilizando um espetrofotómetro de UV a 260 nm. A pureza do ADN foi determinada calculando o rácio entre a absorvância a 260 nm e a de 280 nm (**Sambrook** *et al.*, **1989**). A concentração de ADN foi determinada pela fórmula:

Concentração de ADN = OD260 × 50 µg/ml × fator de diluição (**Linacero** *et al.*, **1998**)

Condições de amplificação do ADN e eletroforese em gel para RAPD:

Para a avaliação do polimorfismo, foi utilizado um total de 23 iniciadores aleatórios obtidos do operão MWG da Eurofins. Entre estes, 20 iniciadores produziram bandas claras e inequívocas (Figura 5.5 a-f, g-l). Cada mistura de reação (12,5 µl) consistiu em 1,5 µl de primer (0,01 µM), 1,25 µl de tampão (10X) contendo MgCl2 (15 mM), 1 µl de dNTP (200 µM), 0,25 µl de Taq DNA polimerase, 2 µl de amostra de DNA e 7 µl de DW estéril e livre de nuclease. O tubo que continha todos os componentes da reação, exceto o ADN, foi utilizado como controlo negativo. As amplificações foram efectuadas num termociclador (Eppendorf) programado para uma desnaturação inicial a 95°C durante 1 min, 35 ciclos de 1 min de desnaturação a 94°C, 1 min de recozimento a 32°C e 2 min de extensão a 72°C, seguidos de uma extensão final de 5 min a 72°C. Os produtos amplificados foram analisados por eletroforese em gel de agarose a 1,5% com tampão TAE 1X, corados com brometo de etídio e visualizados sob luz UV. Os géis foram fotografados num sistema de documentação de gel (Alpha Innotech, EUA). Foi utilizada uma escada de ADN de 100 kb Bangalore (Genei) para a eletroforese. Todas as reacções foram repetidas duas vezes.

Conceção de iniciadores e amplificação por PCR para isolamento do gene R

Foram concebidos três conjuntos de primers utilizando a ferramenta de bioinformática primer 3.0, complementares ao gene de resistência a *Fusarium oxysporum* I2 de *Solanum lycopersicum* e ao gene RFO1 de *Arabidopsis thaliana*.

I2 gene de *Solanum lycopersicum*

Primário direto 5" ATG AAG AGA AGG AGA CTT

TTT TTC- 3

Primário inverso 5" TCA CCA TGT TCG TTG AGG

AAC C - 3"

RFO1 de *Arabidopsis thaliana*

Primário direto 5"- AGG ATC TTC CAG AGA TGG

AGA CCT CGG-3"

Primário inverso 5"-TGG GTT CCC CAC TCA ACC

CAC CAT ACTT-3"

(MWG Biotech, Bangalore) confinada à cópia ativa do gene na região LRR.

Isolamento do ARN total e análise RT PCR

137 As folhas das variedades resistentes e susceptíveis de ervilha-de-angola, ICPL 87119 e T1515, respetivamente, foram colhidas e lavadas cuidadosamente com água da torneira, seguida de água destilada. Foram pesados 0,5-2gm de folhas e transferidos para um almofariz e pilão e homogeneizados com 500 µl de tampão de extração (300mM NaCl, 0,5mM EDTA (pH 8,0), 2% SDS, 50 mM Tris HCl) e 10 µl de β-mercaptoetanol. O homogenato foi incubado a 500C durante 1 hora. A este 70µl de KCl 3M foi adicionado e incubado no gelo por 20 minutos, a mistura foi centrifugada a 7.000 rpm por 10 minutos a 40° C. O sobrenadante foi misturado com 250µl de LiCl 8M e incubado a -20° C durante 4-5 horas. O tubo foi centrifugado a 7.000 rpm durante 15 minutos a 4(.)⁞ C. O sobrenadante foi eliminado e o pellet foi dissolvido em 1 ml de água destilada estéril. A este foi adicionado 1 ml de fenol equilibrado. O homogenato foi centrifugado a 5.000 rpm durante 5 minutos a 40C. A fase superior foi recolhida (700µl) e misturada com 28µl de NaCl e 700µl de etanol a 90% refrigerado. O ARN foi precipitado por incubação a -80° C durante uma noite. No dia seguinte, o homogenato foi centrifugado a 5.000 rpm durante 10 minutos a 40oC. O sobrenadante foi eliminado e o sedimento foi lavado três vezes com etanol a 70%. O sedimento foi seco ao ar e depois dissolvido em 200-500µl de tampão TE.

RT PCR

É um procedimento de dois passos que amplifica um gene específico numa segunda reação a partir do c-DNA, que foi sintetizado no primeiro passo da reação. 100 nanogramas de mRNA foram incubados a 65oC durante 10 minutos e à temperatura ambiente durante 2 minutos, subsequentemente com 2µl de primer forward e 9µl de água livre de Nuclease para a síntese de c-DNA. Os frascos foram centrifugados brevemente e a este foram adicionados 1 µl de RNAs em, 4µl de tampão de transcriptase reversa, 2µl de mistura de dNTP 30 mM, 0,5µl de transcriptase reversa M-MULV, 2µl de água estéril. A mistura foi incubada a 37° C durante 1 hora. A temperatura foi então aumentada para 95 °C durante 2 minutos para desnaturar o híbrido ARN-ADN. A amplificação por PCR do c-ADN foi realizada na etapa seguinte da reação de RT-PCR com 2µl de cada primer direto e reverso, 1,25 µl de tampão de ensaio 10x, 1µl de mistura de dNTP, 0,25µl de Taq DNA polimerase, 3 µl de c-ADN e 3µL de água livre de nuclease. As condições de PCR foram:

94oC durante 2 minutos

94oC durante 1 min

Conforme o iniciador durante 2 minutos e 30 ciclos

72° C durante 4 minutos.

72° C durante 10 minutos

Todos os produtos da PCR foram analisados por eletroforese num gel de agarose a 0,8% (Bangalore Genei, Bangalore) com tampão 1XTAE (50X de reserva), que consistia em base Tris (242 g), ácido acético glacial (57,1 ml), Na-EDTA 0,5 M (100 ml) e brometo de etídio a 0,05%, e corridos a uma voltagem constante (100V) em tampão de depósito 1X.

A documentação e a fotografia do gel foram efectuadas utilizando um sistema de documentação de gel (Alpha Digi Doc RT, EUA).

Eluição do ADN utilizando o kit de extração de gel Genei

A banda de ADN de interesse foi excisada do gel de agarose utilizando uma lâmina esterilizada afiada. O pedaço de gel foi pesado e esmagado em pedaços mais pequenos. Foram adicionados 2,5 volumes de solução de iodeto de sódio e o gel foi incubado num banho de água a 50 C-55°° C durante 2 a 3 minutos para o solubilizar. Ao gel solubilizado, foram adicionados 15µl de solução de vidro a amostras que continham 5µl ou menos de ADN. O conteúdo foi bem misturado e centrifugado a 12000 g durante 30 segundos. O sobrenadante foi rejeitado e o pellet contendo ADN foi tratado com tampão de lavagem, adicionado para remover a solução de vidro, agitado em vórtice e centrifugado a 12000 g durante 30 segundos e novamente rejeitado o sobrenadante. Os tubos foram incubados a 37oC no banho-maria durante 10 minutos. Para a eluição do ADN, o sedimento foi ressuspenso em tampão TE 1X, agitado em vórtice e incubado a 45oC durante 5 minutos. Este passo foi repetido três vezes; todas as fracções foram reunidas e finalmente centrifugadas a 5000 g durante 2 minutos para remover quaisquer vestígios de solução de vidro. A eficiência da eluição foi verificada num gel de agarose a 1,5%.

Sequenciação do gene R

A sequenciação do gene foi efectuada no laboratório Xcelris, Ahmedabad

Análise de dados de sequência

A análise computacional das sequências de ADN foi efectuada com as bases de dados Genebank e EMBL, utilizando os programas BLAST **(Altschul et al., 1997)**. O alinhamento múltiplo das sequências para comparação foi obtido a partir do banco Gen.

3. Resultado

Perfil de proteínas e estudos RAPD:

As variações a nível proteico e de ADN foram avaliadas utilizando dois métodos moleculares, RAPD-PCR e perfil proteico.

No entanto, no presente estudo, os perfis proteicos não conseguiram diferenciar a amostra extraída em dias alternados em grupos diferentes. Com exceção de variações insignificantes no número de bandas geradas, os perfis gerais de todas as amostras testadas permaneceram os mesmos. No entanto, verificou-se uma expressão do polipéptido de 29 kDa no dia 20th na planta infetada resistente. É necessário verificar se a expressão desta banda adicional tem algum papel na resistência da cultivar.

Figura 1: SDS PAGE de proteínas solúveis totais em ervilha-de-angola inoculada com *Fusarium oxysporum udum* nos dias 10th , 12th e 14th . A linha marcada com M contém um marcador de proteínas de gama média. Pista 1: ICPL 87119 C 10th dia, Pista 2: ICPL 87119 I 10th dia, Faixa 3: T1515 C 10th dia, pista 4: T1515 I 10th dia, Pista 5: ICPL 87119 C 12th dia, Pista 6: ICPL 87119 I 12th day, Linha 7: T1515 C 12th day, Linha 8: T1515 I 12th day, Pista 9: ICPL 87119 C 14th day, Linhagem 10: ICPL 87119 I 14th day, Linhagem 11:T1515 C 14th day, Linhagem 12: T1515 I 14th day

Figura 1a: SDS PAGE de proteínas totais em ervilha-de-angola inoculada com *Fusarium Oxysporum Udum* em 16th e 20th dia. A pista marcada com M contém o marcador de proteínas de gama média. Pista 1: ICPL 87119 C 16th dia, pista 2: ICPL 87119 I 16th dia, pista 3:T1515 C 16th dia, pista 4: T1515 I 16th dia, Pista 5: ICPL 87119 C 20th dia, Pista 6: ICPL 87119 I 20th day, Pista 11:T1515 C 20th day, Pista 12: T1515 I 20th day

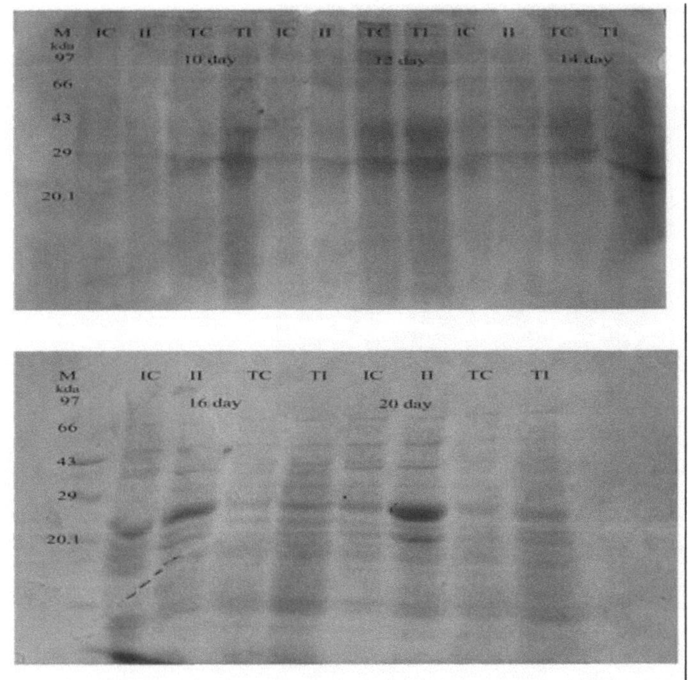

A RAPD-PCR foi efectuada com 23 primers para ambas as cultivares ICPL 87119 e T 1515. Com exceção do iniciador CJR5, todos os iniciadores RAPD utilizados no presente estudo apresentaram bandas monomórficas nas variedades susceptíveis e resistentes. No entanto, foi identificado um produto RAPD polimórfico de 900 pb na variedade resistente, utilizando o iniciador CJR5. Obteve-se um grau de polimorfismo muito baixo para os 11 iniciadores utilizados entre os dois acessos, constituídos por controlo e infectados.

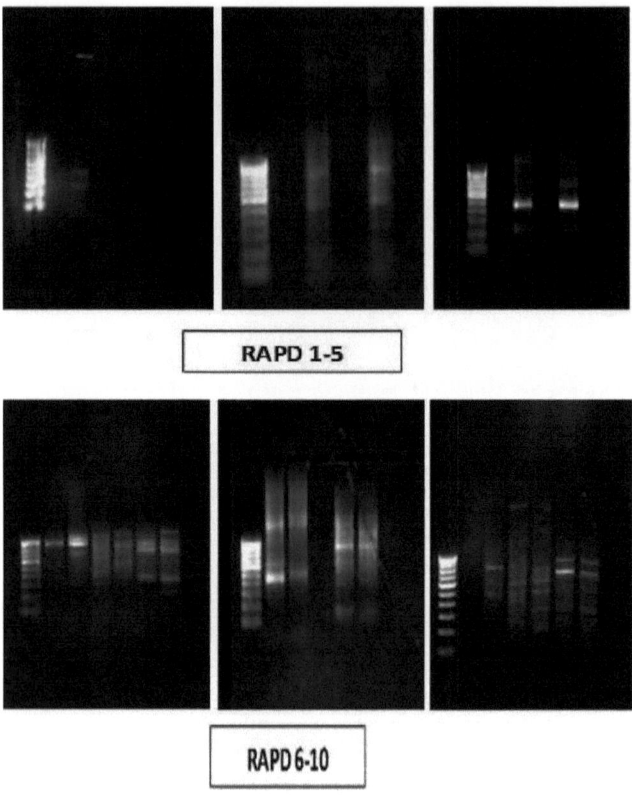

Figura 2 a-f: Perfis gerados pelos primers RAPD

a.   Primário RAPD 1, pista M:Escada de ADN de 100 pb, pista 1 ICPL 87119, pista 2:T 1515

b.   Primer 2 de RAPD, pista M: escada de ADN de 100 pb, pista 1 ICPL 87119, pista 2: T 1515

c.   Primer 3 de RAPD, pista M: escada de ADN de 100 pb, pista 1 ICPL 87119, pista 2: T 1515

d.   Primers RAPD 4,5,6, pista M:100 bp DNA ladder, pista 1 ICPL 87119, pista 2:T 1515, pista 3: ICPL 87119, pista 4: T 1515, pista 5: ICPL 87119, pista 6: T 1515

e.   Primers RAPD 7,8 Pista M: escada de ADN de 100 pb, Pista 1 ICPL 87119, Pista 2: T 1515 Pista 3: ICPL 87119, Faixa 4: T 1515

Primers RAPD 9,10,11, pista M:100 bp DNA ladder, pista 1 ICPL 87119, pista 2:T 1515, pista 3: ICPL 87119, pista 4: T 1515, pista 5: ICPL 87119, pista 6: T 1515

Uma vez que a extensão da variação genética é baixa no feijão bóer, será muito difícil selecionar genes como o da resistência. Tipicamente, as caraterísticas estreitamente relacionadas com a aptidão apresentam hereditariedades estreitas mais baixas e maiores quantidades de variação genética e ambiental não aditiva do que as caraterísticas em condições estabilizadoras.

No entanto, foi possível obter com êxito um produto de amplificação de 900 pb através de RT-PCR a partir da variedade resistente ICPL 87119, utilizando iniciadores do gene R heterólogo específicos do tomate, ao passo que este produto de amplificação não foi obtido a partir das amostras de T1515, uma variedade suscetível de ervilha-de-pombo.

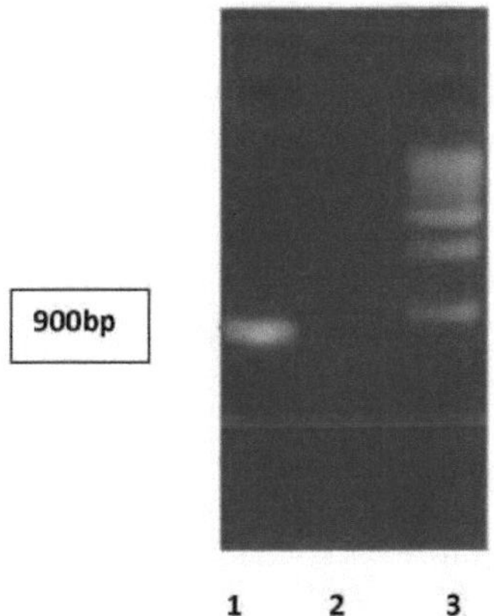

Fig. 3: Separação electroforética em gel de agarose de amplicões do gene R de cultivares resistentes e susceptíveis de ervilha-de-pombo. Note-se a ausência de cDNA do gene R da variedade suscetível T1515.

1   → ICPL 87119

2   → T1515

3   → Escada de ADN de 1Kb

O amplicon foi eluído do gel e submetido a sequenciação. Foi efectuado um BLAST de nucleótidos (BLAST.ncbi.nlm.nih.gov) da sequência de 616 pb obtida.

Figura 4: Motivos de sequência

>ggaaattggg tgagttggta aacgactttg aagagctgt tttaggatac

ctctcacctc aatttcaggg tgcatgtttc ctatgcagat gtaaaagaaa

ctaacacaaa aaaatgcatt ctctacaaaa tatccttctc tccgaactgt

aagggaaaaa aagaatatgt gcataacaag gaggatggga

agcgtctaat ggcttataga cttcgttgat gaattttgat tgtgcttgga

tgattgatca tctgatcatt ggagtattta gacaggggat ctcgttggtt

tggcagtggc aagcagaatt atttgcaaca actagaaaca

agaaaattat agagaggaat aatgtagtat ataaagtgac tatactactc

gacatgattc tattcagttg ttacaatcat tatgctttca aagaacgaag

ctccagatga gcagattaag aagctggcgt tggggtagta

agtcatgcta aaggccttcc tttagcactg agttgtgggg gatttggtta

cataatcgag aataactatg tggagagaag ttgtagacat

gataaagaga gaatctagtc cagacattgt taaaaacctc aaaataagtt

attgat<

Os resultados obtidos nesta análise confirmaram claramente a ocorrência de um gene R que contém a Nucleotide Binding Sequence, um domínio altamente conservado que se encontra em muitas espécies de plantas. A presença do gene R com um domínio funcional altamente conservado de Nucleotide Binding Sequence (NBS) na variedade resistente ICPL 87119 indica que a capacidade desta variedade para resistir ao agente patogénico pode ser mediada pelo gene. A análise BLAST da sequência mostrou 96% de semelhança com sequências do gene R de espécies de *Solanum*.

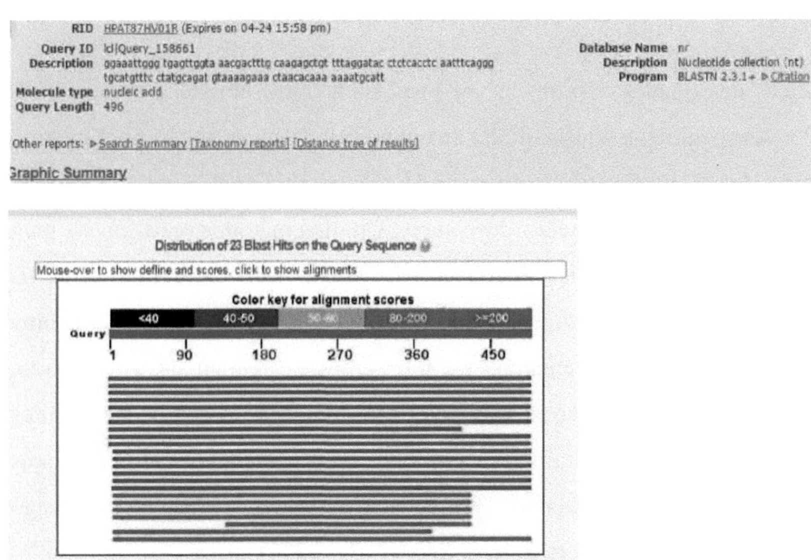

Figura 5: Análise BLAST de nucleótidos do amplicon de cDNA de 616 pb obtido da variedade resistente

ICPL 87119 mostrando semelhança de sequência com sequências do gene R de espécies de *Solanum*.

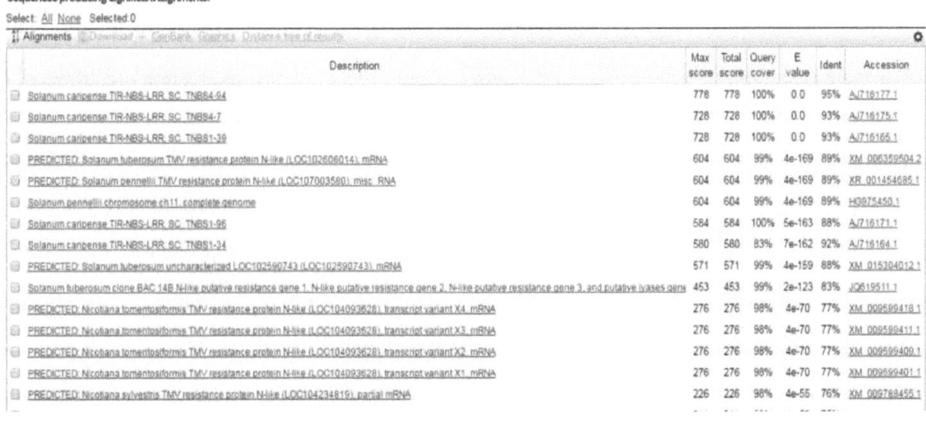

Figura 6: Análise BLAST de nucleotídeos do amplicon de cDNA de 616 pb obtido da variedade resistente ICPL 87119, mostrando similaridade de sequência com sequências do gene R de espécies de *Solanum*.

4. Discussões

As caraterísticas das plantas variam de um local para outro devido à interferência ambiental. Por conseguinte, a seleção direta de um fenótipo desejável não é um método fiável. Em vez disso, é necessário um método altamente fiável e robusto para a identificação de caraterísticas vegetais desejáveis. Um dos métodos mais fiáveis para a identificação de tais caraterísticas é através de marcadores moleculares. Entre os diversos marcadores moleculares, os marcadores de ADN são altamente fiáveis, uma vez que são hereditários e independentes de interferências ambientais. Além disso, estão disponíveis em grande número e apresentam polimorfismo. Entre os marcadores de ADN, os marcadores RAPD foram utilizados com êxito para identificar marcadores associados a caraterísticas vegetais no grão-de-bico **(Ahmed, 1999)**, feijão-mungo **(Lakhanpaul *et al.*, 2000)**, batata **(Chakrabarty *et al.*, 2006)**, arroz

(Choudhury *et al.*, 2001), trigo **(Cao *et al.*, 2006)** e milho **(Pejic *et al.*, 1998)**. Os marcadores moleculares que utilizam o ensaio RAPD têm sido utilizados na construção de mapas de ligação e na identificação de marcadores associados à resistência a doenças. **(Lanhem et al., 1992)** demonstraram que os RAPD são um sistema de marcadores conveniente e eficaz para as espécies de *Arachis*. Foi referido que, embora o feijão bóer possua uma vasta gama de variações morfológicas, a nível molecular as variações são muito reduzidas. Esta é provavelmente a razão da escassa informação sobre marcadores moleculares nesta espécie vegetal. Entre os vários marcadores moleculares disponíveis, o RAPD foi utilizado para identificar dois marcadores moleculares geneticamente ligados a um alelo recessivo de um gene de resistência à murchidão do fusário **(Kotresh *et al.*, 2006)**. O trabalho preliminar realizado com 20 iniciadores aleatórios selecionados pode ser mais explorado aumentando o número de iniciadores aleatórios e validando-o com outros marcadores de ADN disponíveis. As variedades de ervilha-de-angola são bem conhecidas pela sua baixa diversidade genética. Por conseguinte, não foi surpreendente que a análise RAPD não tenha revelado qualquer polimorfismo entre as variedades resistentes e susceptíveis. O gene de resistência também pode ser utilizado diretamente como marcador molecular. As principais vias de sinalização dos genes R são conservadas em diferentes espécies de plantas **(Liu *et al.*, 2002)**. Os produtos dos genes de resistência podem servir de receptores para os factores Avr do agente patogénico ou reconhecer o fator Avr indiretamente através de um co-recetor **(Staskawicz *et al.*, 1995)**. A interação gene a gene induz uma ou mais vias de transdução de sinal que, por sua vez, activam as respostas de defesa na planta para impedir o crescimento do agente patogénico **(De wit 1997)**. Estas respostas de defesa incluem a ocorrência da HR, a expressão de proteínas e a acumulação de SA, podendo levar ao desenvolvimento da SAR **(Kombrink e Schmelzer, 2001)**. Até à data, foram clonados cerca de 70 genes de resistência a doenças em plantas (R).

De acordo com o domínio conservado, **(Martin *et al.*,2003)** categorizou estes genes em cinco categorias principais: proteína quinase de serina-treonina (STK), repetições ricas em leucina/trans-membrana (LRR/TM), sítio de ligação de nucleótidos/repetições ricas em leucina (NBS/LRR), repetições ricas em leucina/trans-membrana/proteína quinase de serina-treonina (LRR/TM/STK) e Hml, sendo que a maioria codifica a proteína NBS-LRR **(Dangl *et al.*, 2001)**. Foram identificadas cinco classes diferentes de genes R. (Diz-se que as proteínas NBS-LRR reconhecem proteínas de avirulência específicas (Avr) produzidas por patógenos e induzem cascatas de transdução de sinal para respostas de defesa complexas **(Grant *et al.*, 2000)**. Os eventos celulares que caracterizam o estado resistente são explosões oxidativas rápidas, reforço da parede celular, indução da expressão de genes de defesa e morte celular rápida no local da infeção **(Morel *et al.*, 1997)**. Tanto a RT-PCR como a PCR tradicional produzem múltiplas cópias de determinadas cadeias de ADN através da amplificação. As aplicações das duas técnicas são fundamentalmente diferentes. A PCR tradicional é utilizada para amplificar exponencialmente sequências de ADN alvo. A RT-PCR é utilizada para clonar genes expressos através da <u>transcrição reversa</u> do ARN de interesse para o seu complemento de ADN através da utilização de <u>transcriptase reversa</u>. Subsequentemente, o cDNA recém-sintetizado é amplificado utilizando a PCR tradicional. Muitos agentes patogénicos das plantas produzem proteínas efectoras durante a colonização do hospedeiro que suprimem ou contrariam as defesas do hospedeiro. Estas proteínas efectoras são reconhecidas pelo sistema imunitário inato do hospedeiro, que é composto por duas camadas: a primeira camada, denominada resistência basal, que governa o reconhecimento de moléculas microbianas conservadas e evita a maioria das tentativas de invasão. A segunda camada baseia-se em genes de resistência (R) que permitem o reconhecimento de efectores, segregados pelos agentes patogénicos para inibir ou evitar a resistência basal. A maior parte dos genes clonados de resistência às doenças das plantas codificam um domínio putativo do sítio de ligação aos nucleótidos (NBS) e um domínio de repetição rico em leucina (LRR). Em geral, o NBS é um domínio proteico comum essencial para a atividade catalítica de várias proteínas procarióticas e eucarióticas. Em particular, o NBS é necessário para a ligação ao ATP ou ao GTP, que se pensa modificar a interação entre os produtos do gene R e outros membros da transdução de sinais de defesa **(Bent, 1996)**. A sequência primária de NBS é tão distinta que as sequências de proteínas podem ser atribuídas a subgrupos separados com base em motivos conservados encontrados no domínio **(Traut, 1994)**. Uma das observações mais interessantes deste estudo é o facto de a resistência apresentada pela variedade de ervilha-de-angola ICPL 87119 parecer depender de um mecanismo de resistência mediado por um único gene. Estes casos, em que um único gene, altamente específico para proteínas de avirulência específicas de agentes patogénicos fúngicos, proporciona resistência contra o agente patogénico, foram relatados em muitas plantas, incluindo o tomate e o linho **(Ellis e Jones, 1998)**.

Resumo e conclusão

RESUMO

A murcha de Fusarium da ervilha-de-angola *Cajanus cajan* é uma doença vascular causada por *Fusarium oxysporum* f. sp. *Udum*. A doença está amplamente disseminada e causa perdas de culturas em muitas partes do mundo. Estima-se que as perdas anuais de rendimento devidas ao *Fusarium oxysporum* f. sp. *Udum* variem entre 10 e 20%. A doença pode ser controlada através da utilização de cultivares resistentes.

Neste estudo, tentou-se compreender as alterações que ocorrem na atividade anatómica, bioquímica e enzimática e a nível molecular durante a interação planta-patógeno.

Rastreio

As sete cultivares obtidas foram testadas *in vitro* e *in vivo* com a suspensão de esporos do patógeno *Fusarium udum* para diferenciar as cultivares como resistentes e suscetíveis. As cultivares foram classificadas como variedades altamente resistentes, resistentes, tolerantes e susceptíveis. A ICPL 87119 foi considerada resistente, a GT-100, GT-1, BDN-2 tolerante e as cultivares BANAS, GT-101, T 1515 foram consideradas susceptíveis.

Alterações nos parâmetros bioquímicos e enzimas produzidas durante a interação planta-patogénio.

A interação fitopatogénica provoca uma alteração na taxa de produção de enzimas bioquímicas e de diferentes enzimas relacionadas com a defesa. Normalmente, verifica-se um aumento dos parâmetros bioquímicos e de diferentes enzimas relacionadas com a defesa durante a interação fitopatogénica. Observou-se que os parâmetros bioquímicos como a proteína, a clorofila e os fenólicos aumentaram durante um período de sete dias após o aparecimento das folhas na variedade resistente, em comparação com a variedade suscetível. As enzimas relacionadas com a defesa, como a peroxidase, a fenilalaninelyase, a β-13 glucanase, a catalase e a pectina-metil esterase, também aumentaram durante este período, em ambas as estações, na variedade resistente. Os resultados obtidos foram semelhantes a descobertas anteriores e também deram uma base substancial para a confirmação do papel do mecanismo de defesa que está a ocorrer na planta resistente. O aumento da peroxidase e da catalase na variedade resistente confirmou o aumento da atividade de defesa nas plantas durante a interação planta-patogénio.

Estudo molecular

Para obter uma informação paralela sobre a mudança que ocorre a nível celular, foi efectuado um estudo através da separação de proteínas por SDS para verificar se havia uma maior indução de proteínas. Verificou-se uma indução de mais proteínas na planta recolhida no sétimo dia. O marcador molecular RAPD relacionado com a PCR foi efectuado para verificar se existia um gene específico expresso através da observação do polimorfismo obtido pelo ADN isolado. Foi obtida uma banda específica para RAPD 5 no DNA da variedade resistente.

Conclusões

O rastreio das sete cultivares de ervilha-de-angola contra o agente patogénico da murchidão *Fusarium udum*, utilizando ensaios *in vitro* e *in vivo*, diferenciou a ICPL 87119 como uma variedade resistente e a T 1515 como uma variedade suscetível.

Estudos anatómicos nas plantas de controlo e infectadas de variedades resistentes e susceptíveis de ervilha-de-angola revelaram que as fibras do esclerênquima e os vasos do xilema na raiz, caule e folha apresentavam mais lenhificação na variedade resistente do que na variedade suscetível. Observações utilizando microscopia de fluorescência revelaram autofluorescência dos vasos do xilema devido à lenhificação na variedade resistente ICPL 87119. A lenhificação do tecido infetado como resposta à infeção por fungos é um fenómeno comum nas plantas superiores. Os parâmetros bioquímicos como as proteínas, a clorofila e os fenólicos totais revelaram um aumento global na variedade resistente ICPL 87119 em relação à variedade suscetível T 1515. Enzimas como a peroxidase, a fenilalanina liase, a β1,3glucanase, a catalase e a pectina metil esterase também registaram um aumento na variedade resistente ICPL 87119 em relação à variedade suscetível T 1515. Estas enzimas desempenham um papel importante na eliminação de ROS, na ligação cruzada de componentes da parede celular para lenhificações e na degradação de paredes celulares de fungos. Uma maior atividade destas enzimas na planta resistente de ervilha-de-angola indica que estas enzimas são importantes na defesa contra a infeção por *Fusarium*. A separação de proteínas por SDS mostrou a indução de mais proteínas na variedade resistente ICPL 87119 do que na variedade suscetível T1515. Estudos posteriores sobre a identificação e caraterização destas proteínas permitirão esclarecer a sua função na defesa das plantas. A análise RAPD da variedade resistente de ervilha-de-angola IPCL87119, bem como da variedade suscetível T1515, revelou que a variação genética entre estas duas variedades de ervilha-de-angola é muito estreita. Nenhum dos iniciadores utilizados conseguiu identificar uma banda polimórfica entre os dois indivíduos. Poderá ser necessário efetuar um rastreio do genoma destas duas variedades com um grande número de iniciadores RAPD para identificar o polimorfismo.

Uma das observações mais interessantes do presente estudo é a confirmação da presença de uma sequência do gene R pertencente ao tipo NBS-LRR. O isolamento e a sequenciação bem sucedidos do gene R da variedade resistente de ervilha-de-angola, ICPL87119, indicam que, provavelmente, a resistência é também mediada pelo gene R. Tendo em conta os estudos anatómicos, as análises bioquímicas e a identificação da sequência do gene R da variedade resistente, pode concluir-se com segurança que o mecanismo de resistência da ervilha-de-angola contra o agente patogénico da murchidão *Fusarium* é multifacetado, envolvendo alterações anatómicas, mecanismos bioquímicos e vias de sinalização mediadas por um único gene.

Referências

Agrios, G.N. 1978. Fitopatologia. 2a ed. Academic Press, Orlando, FL.

Boyer, J. S.   1982.   Produtividade das plantas e ambiente. *Science.* 218: 443-448

Butler, E.J. 1906. The wilt disease of pigeon pea and pepper. Thacker Springer.

Duke, J. 2012. *Handbook of legumes of world economic importance (Manual de leguminosas de importância económica mundial).* Springer Science & Business Media

Duke, J.A. 1981 a. Handbook of legumes of world economic importance. Plenum press. New York.

FAOSTAT : http://faostat3.fao.org/home/E

Flor, H.H. 1955. Interação hospedeiro-parasita na ferrugem do linho: a sua genética e outras implicações. *Phytopathology.* 45:680-685.

Gaur, V.K., Sharma, L.C. 1989. Variabilidade num único isolado de esporos de *Fusarium udum* Butler. *Mycopathologia.* 107: 9-15.

Keen, N.T. 1990. Gene-for-gene complementarity in plantpathogen interactions. *Annual Review of Genetics.* 24:447-463.

Lamb, C.J., Lawton, M.A., Dron, M., Dixon, R.A. 1989. Mecanismos de sinalização e transdução para a ativação das defesas das plantas contra o ataque microbiano. *Célula* 56:215-224.

Nene, Y.L e Sheila, V.K. 1990. Ervilha-de-pombo: geografia e importância. In *The Pigeon pea* (Ed. By Y. Nene, D. Hall and V. K. Sheila), pp. 1-14.CABI/ICRISAT, Patancheru, India.

Parmita, P., Rajini, R., Singh, R.M. 2005. Herança da resistência à murcha *de Fusarium* na ervilha-de-angola [*Cajanus Cajan* (L.) Millsp]. Journal of Arid Legumes **2.**

Rao, S.C., Coleman, S.W. e Mayeux, H.S. 2002. Produção de forragem e valor nutritivo de ecótipos selecionados de feijão bóer nas grandes planícies do sul. *Crop Science.* 42: 1259-1263.

Reddy, M.V., Nene, Y.L., Kannaiyan, J. (1990). Linhagens de ervilha-de-angola resistentes à murchidão no Quénia e no Malawi. International Pigeon pea news. 12: 25-26.

Thu, T.T., Mai, T.T.X., Dewaele, E., Farsi, S., Tadesse, Y., Angenon, G. e Jacobs, M. 2003. Regeneração *in vitro* e transformação de ervilha-de-angola (*Cajanus cajan* [L.] Millsp.). *Molecular Breeding.* 11: 159-168.

Amusa, N.A., Ikotum, T., Osikanlu, Y.O. K. 1994. Rastreio de cultivares de feijão-frade e soja para resistência à antracnose e à mancha castanha utilizando metabolitos fitotóxicos. African Crop Science Journal. 220-224

Beckman, C. H., Elgersma, D. M., e MacHardy, W. E. 1972. A localização de infecções fúngicas no tecido vascular de tomates resistentes a um único gene dominante. *Phytopathology, 62*: 1256-1260.

Dorrance, A.E., Inglis, D.A. 1997. Avaliação dos métodos de rastreio em estufa e em laboratório para avaliar a resistência da folhagem da batata ao míldio tardio. Doenças das Plantas 81: 1206-1213

Hillocks, R.J. 1984. Produção de cultivares de algodão com resistência à murcha de *Fusarium*, com especial referência à Tanzânia. *Tropical Pest Management* 30:234-246.

Hubbeling, N. 1980. Seleção em laboratório/estufa para identificar a resistência a doenças do solo no feijão. Páginas 123-128. In: *Proceeding of Consultants' Group Discussion on the Resistance to Soil-borne Diseases of Legumes*, 8-11 de janeiro de 1979, Hyderabad, Índia. ICRISAT, Índia.

Jayshankar, S. e Gray, D.J. 2003. Seleção in vitro para resistência a doenças em plantas - uma alternativa à engenharia genética Ag BIotechNet. 5:1-5.

Nelson, H.E.2006. Bioensaio para detetar pequenas diferenças na resistência do tomate ao míldio em função da idade da folha, da posição da folha e dos folíolos e da idade da planta. *Austalian plant pathology.* 35: 297-301

Nene, Y. L., Haware, M. P., e Reddy, M. V. 1981. Doenças do grão-de-bico: técnicas de rastreio da resistência.

Pegg, G.E. 1981. Biochemistry and physiology of pathogenesis. Em Fungal wilt diseases of plants, Mace M.E. e Bell A.L. Ed., Academic Press, New York. 193-253

Sakar, D., Muehlbaue, F.J. e Kraft, J.M. 1982. Técnicas de seleção de ervilhas para resistência a *Phoma medicaginisvar.pinodella. Crop Science* 22:988-992.

Soufamanien, J., Manjaya, J.G., Krishna, T.G, Pawar, S.E. 2003. Análise de ADN polimórfico amplificado aleatório de ervilha-de-angola macho-estéril citoplasmática e macho-fértil (*Cajanus cajan* (L.) Millsp) Euphytica, 129: 293-299.

Wheeler, B.E.J. 1982. An Introduction to Plant Disease, 1st Ed., pp: 133-4. John Willey and Sons Ltd., Londres, Reino Unido

Allen, F. L., Panter, D.M. 1995. Usando as melhores previsões lineares não tendenciosas para melhorar o melhoramento para rendimento em soja: II. Seleção de cruzamentos superiores a partir de um número limitado de ensaios de rendimento. *Ciência das culturas. 35*: 405-410.

Benhamou, N., Belanger, R., Paulitz, T.C.1996. Indução de respostas diferenciais do hospedeiro por *Pseudomonas fluorescens* em raízes de ervilha transformadas em Ri T-DNA após desafio com *Fusarium oxysporum* f. sp. *pisi* e *Pythiumultimum. Fitopatologia* 86: 1174-1185.

Boudart, Georges.1998. Elicitação diferencial de respostas de defesa por fragmentos pécticos em plântulas de feijão. *Planta.* 206: 86-94.

Brune, W e Van, Lelyveld. 1982. Comparação bioquímica de folhas de cinco cultivares de abacate e sua possível associação com a suscetibilidade à podridão radicular de *Phytophthora cinnamoni.* Phytopathology.Z. 104:273-254.

Chandra, A., Bhatt, R. 1998. Biochemical and physiological response to salicylic acid in relation to the systemic acquired resistance. *Photosynthetica.* 35: 255-258.

Chattopadhyay, S., Bera, A. 1980. Phenols and polyphenol oxidase activity in rice leaves infected with *Helminthosporium oryzae. Journal of Phytopathology.* 98: 59-63.

Christensen, A.B., Cho, B.H.O., Naesby, M., Gregersen, P.L., Brandt J., Ordenana, K., Collinge, D., Thordal-Christensen, H. 2002. A caraterização molecular de duas proteínas da cevada estabelece as novas proteínas relacionadas com a patogénese da família PR-17. *Molecular Plant Pathology.*3:135-144.

Daayf F.R., Bel-Rhlid, Bélanger, R.R. 1997. Éster metílico do ácido p-cumárico: Um composto semelhante à fitoalexina de folhas longas de pepino inglês. *Jornal de Ecologia Química.* 23: 1517-1526.

Dalisay, R.F. Kuc, J.A. 1995. Persistência da resistência induzida e aumento das actividades da peroxidase e da quitinase em plantas de pepino. *Physiological and Molecular Plant Pathology.* 47: 315-327.

Dixon, R.A., Harrison, M.J., Lamb, C.J.1994. Eventos iniciais na ativação das respostas de defesa das plantas. *Revisão anual de fitopatologia.* 32: 479-501

Faostat. F. 2006. Bases de dados estatísticas da FAO: Food and Agric. Organ. das Nações Unidas, Roma.

Folin, O., e Ciocalteu, V. 1927. Sobre as determinações de tirosina e triptofano em proteínas. *Journal of biological chemistry. 73:* 627-650.

Fulton, N.D., Bollenbacher, K. e Templeton G.E.1965. Um metabolito tóxico de *Alternaria tenuis* que inibe a produção de clorofila. *Phytopathology.*55:49-51.

Gaspar, T., Penel, C.L., Thorpe, T., e Greppin, H. 1982. *Peroxidases.* A survey of their biochemical and physiological roles in higher plants. Universite de Geneve .Centre de Botanique. Geneve.

Gupta, S.K., Gupta, P.P., Kaushik, C.D. e Saharan, C.S. 1987. Biochemical changes in leaf surface extract and total chlorophyll content of sesame in relation to Alternaria leaf spot disease

Alternaria sesame n. Indian Journal of Mycology and Plant Pathology 17:165-168.

Hagerman, A. E., e Austin, P. J. 1986. Ensaio espetrofotométrico contínuo para pectina metil esterase vegetal. *Journal of Agricultural and Food Chemistry.34:* 440444.

Hammerschimdt, R. 1999. Resistência induzida a doenças. *Physiology and Molecular Plant Pathology.* 55:77-84.

Hammerschmidt, R., Rasmussen, J. B., e Zook, M. N. 1991. Indução sistémica da acumulação de ácido salicílico em pepino após inoculação com Pseudomonas syringae pv syringae. *Plant Physiology.* 97: 1342-1347.

Kannaiyan, J., Nene, Y. L., Reddy, M.V., Ryan, J.G. e Raju, T.N. 1984. Prevalence of pigeon pea diseases and associated crop losses in Asia, Africa and the Americas. *International Journal of Pest Management.* 30: 6272.

Lebeda, A., Luhovà, L., Sedlarova, M., Jancova, D. 2001. The role of enzymes in plant-fungal pathogens interactions: *Zeitschriftfür P flanzenkrankheiten und P flanzensch. Journal of Plant Diseases and Protection.* 108: 89-111.

Lowry, O. H., Rosebrough, N. J., Farr, A. L., e Randall, R. J. 1951. Protein measurement with the Folin phenol reagent. *Journal of biology and Chemistry, 193*: 265-275.

Mahadevan, A., e Sridhar, R. 1982. Methods in physiological plant pathology.

Mahadevan, S., Mitchell, T. M., e Steinberg, L. I. 1986. Um sistema de aprendizagem de aprendizes para design VLSI. Em *Machine Learning.* Springer. 203-206.

Malik, C. P., e Singh, M. B. 1980. Plant enzymology and histo-enzymology.

Neish A. 1964. Principais vias de biossíntese de fenóis: Biochemistry of Phenolic Compounds. Academic Press, Nova Iorque, 295-359.

Nicholson, R. L., e Hammerschmidt, R. 1992. Compostos fenólicos e seu papel na resistência a doenças. *Revisão anual de fitopatologia.*30: 369-389.

Noveroske, R., Williams, E., Kuc, J. 1964. β-Glicosidase e fenoloxidase em folhas de macieira e sua possível relação com a resistência a *Venturiainaequalis: Phytopathology.* 54: 98-103.

Padmanabhan, P., Alexander, K.C. e Shanmugam, N. 1988. Algumas alterações metabólicas induzidas na cana-de-açúcar por *Ustilago scitaminea. Indian Phytopahtology.*41: 229-232.

Peng, M., Kuc J. 1992. O peróxido de hidrogénio gerado pela peroxidase como fonte de atividade antifúngica in vitro e em discos de folhas de tabaco. *Phytopathology.* 82: 696-699.

Prasad, P., Reddy, N.E., Anandam, R., Reddy, G.L. 2003. Isozymes variability among *Fusarium* *udum* resistant cultivars ofpigeon pea (*Cajanus cajan* [L.]Millsp). *Actaphysiologiaeplantarum*.25: 221-228.

Radhajeyalakshmi, R., Velazhahan, R., Samiyappan e Sabitha Doraiswamy Rao, S., Coleman, S., Mayeux, H. 2009. Produção de forragem e valor nutritivo de ecótipos selecionados de feijão-frade nas grandes planícies do sul. *Crop Science*. 42: 1259-1263.

Ren, Y.Y., West, C.A. 1992. Elicitação da biossíntese de diterpenos em arroz (*Oryza sativa* L.) por quitina: *Plant physiology*. 99: 1169-1178.

Ryals, J., Uknes, S., e Ward, E. 1994. Resistência adquirida sistémica. *Plant Physiology*. 104: 1109-1112.

Sarma, B.K., Singh, U.P. e Singh, K.P. 2002. Variabilidade em isolados indianos de *Sclerotium rolfsii*. Mycologia. 94: 10511058

Scandalios, J.G., Foyer, C., Mullineaux, P. 1994. Regulação e propriedades das catalases vegetais: Causas do stress foto-oxidativo e melhoria dos sistemas de defesa nas plantas. 275-315.

Schneider, M., Schweizer, P., Meuwly, P., Métraux, J. 1996. Resistência sistémica adquirida em plantas: *International review of cytology*. 168: 303-340.

Van Loon, L.C. 1997. Induced resistance in plants and the role of pathogenesis-related proteins. *Jornal Europeu de Patologia Vegetal*. 103: 753-765.

Varshney, R.K., Hoisington, D.A., Upadhyaya, H.D., Gaur, P.M., Nigam, S.N., Saxena, K., Vadez, V., Sethy, N.K., Bhatia, S., e Aruna, R. 2007. Molecular genetics and breeding of grain legume crops for the semi-arid tropics, Genomics-assisted crop improvement, Springer. 207-241.

Wietholter, N., Graeβner, B., Mierau, M., Mort, A.J., Moerschbacher, B.M. 2003. Differences in the methyl ester distribution of homogalacturonans from near-isogenic wheat lines resistant and susceptible to the wheat stem rust fungus: *Molecular Plant-Microbe Interactions*. 16: 945-952.

Xue, L, Charest, P., Jabaji-Hare, S. 1998. Indução sistémica de peroxidases, β-1,3glucanases, quitinases e resistência em plantas de feijão por espécies binucleadas de *Rhizoctonia*. *Phytopathology*. 88: 359-365.

Yoshida, K., Kaothien, P., Matsui, T., Kawaoka, A., e Shinmyo, A. 2002. Molecular biology and application of plant peroxidase genes. Applied Microbiology and Biotechnology. 60: 665-670.

Ahmad, F.1999. "A análise do ADN polimórfico amplificado ao acaso (RAPD) revela relações genéticas entre as espécies anuais de Cicer." *Theoretical and Applied Genetics* 98: 657-663.

Altschul, S.F., Madden,T.L., Schaffer, A.A., Zhang,J., Zhang,Z., Miller, W e Lipman, D.J. 1997.

Gapped BLAST e PSI-BLAST: uma nova geração de programas de pesquisa em bases de dados de proteínas. *Nucleic Acids Research*. 25: 3389-3452.

Becker, J., e Heun, M. 1995. Microssatélites de cevada: variação alélica e mapeamento. *Plant molecular biology*. 27: 835-845.

Bent, A. F. 1996. Genes de resistência a doenças em plantas: função e estrutura. *The Plant Cell*.8: 1757.

Cao, Y. Hao, C., Wang, L., Zhang, X., You, G., Dong, Y., Jia, J. 2006. Genetic diversity in Chinese modern wheat varieties revealed by microsatellite markers (Diversidade genética em variedades modernas de trigo chinesas revelada por marcadores de microssatélites). *Science in China Series C*. 49: 218-226.

Casado-Diaz, A., Encinas-Villarejo, S., Santos, B. D. L., Schilirò, E., Yubero-Serrano, E. M., Amil-Ruiz, F.,e Romero, F. 2006. Análise de genes de morango diferencialmente expressos em resposta à infeção por Colletotrichum. *Physiologia Plantarum* ,128: 633-650.

Chakrabarti, S. K., Lutz, K. A., Lertwiriyawong, B., Svab, Z., e Maliga, P. 2006. A expressão do gene cry9Aa2 Bt em cloroplastos de tabaco confere resistência à traça do tubérculo da batata. *Investigação transgénica*. 15: 481-488.

Chaudhary, D., Courtois, B., Bartholome, B., McLaren, G., Misra, C. H., Mandal, N. P e Roy, A. T. 2001. Comparing farmers and breeders rankings in varietal selection for low- input environments: A case study of rainfed rice in eastern India. *Euphytica*. 122: 537-550.

Dangl, J.L., Jones, J.D.P. 2001. Patógenos de plantas e respostas de defesa integradas à infeção. *Nature*. 411: 826-833 **De Wit, P. J. 1997.** Pathogen avirulence and plant resistance: a key role for recognition. *Trends in Plant Science*.2: 452-458.

Deby, A.A., e Anu, Y.J. 2014. Isolamento e caraterização do gene de resistência NBS-LRR em Banana (Musa AAB cv Nendran). Jornal Internacional de Biotecnologia Avançada e Pesquisa.3: 353-358.

Dodds, P. N., Lawrence, G. J., & Ellis, J. G. 2001. Modos contrastantes de evolução que actuam no locus complexo N para resistência à ferrugem no linho. *The Plant Journal*. 25: 439-453.

Ellis, J., Lawrence, G., Ayliffe, M., Anderson, P., Collins, N., Finnegan, J. e Pryor, T.1997. Avanços na análise genética molecular da interação entre o linho e a ferrugem do linho. *Revisão anual de fitopatologia*, 3:,271-291.

Flor, H. H. 1971. Estado atual do conceito gene-for-gene. *Revisão anual de fitopatologia*, 9: 275-296.

Fluhr, R. 2001. Sentinelas da doença. Genes de resistência das plantas. *Fisiologia vegetal* .127: 1367-1374.

Fluhr,2000, Pan, Q., Wendel, J. 2000. Evolução divergente de homólogos do gene de resistência NBS-LRR de plantas em genomas de dicotiledóneas e cereais. *Journal of molecular evolution*.50: 203-213.

Goff, S. A., Ricke, D., Lan, T. H., Presting, G., Wang, R., Dunn, M. e Hadley, D. 2002. A draft sequence of the rice genome (Oryza sativa L.sp. japonica). *Science* .296: 92-100.

Grant, M., Brown, I., Adams, S., Knight, M., Ainslie,A., Mansfield, J. 2000. O gene de resistência às doenças das plantas *RPM1* facilita um aumento rápido e sustentado do cálcio citosólico que é necessário para a explosão oxidativa e a morte celular hipersensível. *Plant journal*. 23:441-450.

Giuseppe, A., Florian, J., Kamil, W., Graham, J., Ethering, T., Maria, K. e Jonathan, D.G. 2014. Definindo o repertório completo do gene de resistência NB-LRR do tomate usando Renseq genômico e c DNA. BMC biologia vegetal. 14:120

Hasan, S. M. Z., Shafie, M. S. B., & Shah, R. M. 2009. Análise do ADN polimórfico amplificado aleatório (RAPD) de Artemisia capillaris (absinto capilar) na costa oriental da Malásia peninsular. *WorldAppl. Sci. J*.6: 976-986.

Jeong, S. C., Hayes, A. J., Biyashev, R. M., e Maroof, M. S. 2001. Diversidade e evolução de uma família de sequências não-TIR-NBS que se agrupa num "hotspot" cromossómico para genes de resistência a doenças na soja. *Theoretical and Applied Genetics* 103: 406-414.

Joshi, N., Rawat, A., Subramanian, R.B. e Rao, K.S. 2010. Um método para o isolamento de ADN genómico em pequena escala de grão-de-bico (*Cicer arietinum* L.) adequado para a análise de marcadores moleculares. *Indian Journal of Science and Technology*.

Karp, A., Edwards, K., Bruford, M., Vosman, B., Mogante, M., Seberg, O., Kremer, A., Boursot, P., Arctander, P., Tautz, D., Hewitt, G., 1997. Novas tecnologias moleculares para a avaliação da biodiversidade: oportunidades e desafios. *Nature Biotechnology*. 15: 625-628.

Kobe, B., & Kajava, A. V. 2001. A repetição rica em leucina como um motivo de reconhecimento de proteínas. *Opinião atual em biologia estrutural* .11: 725-732.

Kobe, B., e Deisenhofer, J. 1994. The leucine-rich repeat: a versatile binding motif. *Tendências em ciências bioquímicas* 19: 415421.

Kobe, B., e Deisenhofer, J.1995. Uma base estrutural das interações entre as repetições ricas em leucina e os ligandos proteicos.

Kombrink, E., Schmelzer, E. 2001. The hypersensitive response and its role in local and systemic disease resistance. *Jornal Europeu de Patologia Vegetal.* 107: 69-78.

Kotresh, H., Fakrudin, B., Punnuri, S. M., Rajkumar, B. K., Thudi, M., Paramesh, H.,e Kuruvinashetti, M. S.

2006. Identificação de dois marcadores RAPD geneticamente ligados a um alelo recessivo de um gene de resistência à murchidão de Fusarium em feijão-frade (*Cajanus cajan* L. Millsp.). *Euphytica.* 149: 113 120.

Laemmli, U. K. 1970. Clivagem de proteínas estruturais durante a montagem da cabeça do bacteriófago T4. *Nature. 227*: 680-685.

Lakhanpaul, S., Chadha, S., e Bhat, K. V. 2000. Análise do ADN polimórfico amplificado ao acaso (RAPD) em cultivares de feijão-mungo indiano (*Vigna radiata* (L.) Wilczek). *Genetica.*109: 227-234.

Lanham, P. G., Fennell, S., Moss, J. P., e Powell, W. 1992. Detection of polymorphic loci in *Arachis* germplasm using random amplified polymorphic DNAs. *Genome. 35.* 885889.

Linacero, R.J., Rueda e Vazquez, A.M. 1998. Quantificação do ADN. Karp, A., P.G. Isaac e D.S.Ingram (Eds.). Molecular Tools for Screening Biodiversity: *Plants And Animals.*

Liu,Y., Schiff, M., Marathe, R., Dinesh Kumar, S.P. 2002.Tobacco Rar1, EDS1 and NPR1/NIM1 like genes are required for N-mediated resistance to tobacco mosaic virus. Plant journal.30: 415-29.

Lowry, O. H., Rosebrough, N. J., Farr, A. L., e Randall, R. J. 1951. Medição de proteínas com o reagente de fenol Folin. *Journal of biological Chemistry. 193*: 265-275.

Malviya, N., e Yadav, D. 2010. RAPD analysis among pigeon pea [Cajanus cajan (L.) Mill sp.] cultivars for their genetic diversity. *Genetic Engineering and Biotechnology Journal* .1: 1-9

Martin, G.B., Bogdanove, A.J., Sessa, G. 2003. Understanding the functions of plant disease resistance proteins (Compreender as funções das proteínas de resistência às doenças das plantas). *Revisão anual de biologia vegetal 54: 23*

Meyers, B. C., Dickerman, A. W., Michelmore, R. W., Sivaramakrishnan, S., Sobral, B. W., e Young, N. D. 1999. Os genes de resistência a doenças das plantas codificam membros de uma família de proteínas antiga e diversificada da superfamília de ligação a nucleótidos. *The Plant Journal.* 20: 317332

Mohammadi, S.A., Prasanna, B.M. 2003. Analysis of Genetic diversity in crop plants - Salient Statistical tools and considerations, *Crop Science.* 43: 1235-1248.

Mondragón-Palomino, M., Meyers, B. C., Michelmore, R. W., e Gaut, B. S. 2002. Patterns of positive selection in the complete NBS-LRR gene family of Arabidopsis thaliana. *Genome Research*, 12: 1305-1315.

Morel, J.B., Dangl,J.L. 1997. A resposta hipersensível e a indução da morte celular em plantas. Cell Death Differ. 4:671683

Newbury, J e Ford-Lloyd, B. 1999. A produção de marcadores moleculares de fácil utilização para o estudo de plantas. *Biotechnology. News* 40: 5-6.

Padmanabhan, M., Patrick, C., e Dineshkumar. 2009. O domínio de repetição rico em leucina na imunidade inata das plantas: uma riqueza de possibilidades. *Microbiologia celular.* 11:191-198.

Pan, Q., Wendel, J., e Fluhr, R. 2000. Evolução divergente de homólogos do gene de resistência NBS-LRR de plantas em genomas de dicotiledóneas e cereais. *Journal of molecular evolution*, 50: 203-213.

Pejic, I., Ajmone-Marsan, P., Morgante, M., Kozumplick, V., Castiglioni, P., Taramino, G., e Motto, M. 1998. Análise comparativa da semelhança genética entre linhas puras de milho detectadas por RFLPs, RAPDs, SSRs e AFLPs. *Theoretical and Applied genetics.* 97: 1248-1255.

Peleman, J.D. e van der Voort, J.R. 2003. Breeding by Design. *Trends in plant science.* 8: 330-334.

Rana, M.K. Bhat, K.V. 2002. Genetic diversity analysis in Indian diploid cotton (*Gossipium* spp.) using RAPD markers, *Indian Journal of Genetics and Plant Breeding.* 621: 11-14.

Rock, F. L., Hardiman, G., Timans, J. C., Kastelein, R. A., e Bazan, J. F. 1998. Uma família de receptores humanos estruturalmente relacionados com o Toll de Drosophila. *Proceedings of the National Academy of Sciences.* 95: 588-593.

Sambrook, J., Fritsch, E.F. e Maniatis, T. 1989. Molecular Cloning: A Laboratory Manual. Cold Spring Harbor.

Saraste, M., Sibbald, P. R., Wittinghofer, A.1990. The P- loop-a common motif in ATP-and GTP-binding proteins. *Tendências em ciências bioquímicas.*15: 430-434.

Soller, M e Beckmann, J.S. 1983. Genetic polymorphism in varietal identification and genetic improvement. *Theoretical and Applied Genetics.*67: 25-33.

Staskawicz, B.J., Ausubel, F.M., Baker, B.J., Ellis, J.G., e Jones, J.D.G. 1995. Molecular genetics of plant disease resistance. S cience (Washington, D.C.),

Sundaram, S., e Purwar, S. 2011. Avaliação da diversidade genética entre o feno-grego (Trigonella foenum-graecum L.), utilizando marcadores moleculares RAPD. *J Med Plants Res.*5:1543- 1548].

Vos, P.R., Hogers, R., Bleeker, M., Reijans, M., Lee, T., Van De., Hornes, M., Frijters, A., Pot,

J. 1995. AFLP: uma nova técnica de impressão digital de ADN. *Nucleic Acid Research*. 23:4407-14

Young, K. Cho, L. 2002. Quantitative trait loci Associated with Foliar Trigonelline accumulation in *Glycine max.*, Journal of Biomedecine and Biotechnology. 2:151-157.

Young, N.D., Cannon, S. B., Zhu, H., Baumgarten, A. M., Spangler, R., May, G., Cook, D. R. 2002. Diversidade, distribuição e relações taxonómicas antigas nas subfamílias de genes de resistência TIR e não-TIR NBS-LRR. *Journal of Molecular Evolution*, 54: 548-562.

Zietkiewicz, E., Rafalski, A e Labuda, D. 1994. Genome fingerprinting by simple sequence repeat (SSR) anchored polymerase chain reaction amplification. *Genomics*. 20: 176 183.

Printed by Books on Demand GmbH, Norderstedt / Germany